超人氣
馬卡龍×慕斯
70款
頂級幸福風味
鄒肇麟 著
Alan Chow

超人氣

馬卡龍×慕斯

70款頂級幸福風味

作　　者　鄒肇麟 Alan Chow

發 行 人　程安琪
總 策 畫　程顯灝
總 編 輯　呂增娣
主　　編　李瓊絲、鍾若琦
特約編輯　鍾碧芳
執行編輯　許雅眉
編　　輯　程郁庭、鄭婷尹
美術總監　潘大智
特約美編　Gary
美　　編　劉旻旻、游騰緯、李怡君
行銷企劃　謝儀方、吳孟蓉

發 行 部　侯莉莉
財 務 部　呂惠玲
印　　務　許丁財
出 版 者　橘子文化事業有限公司

總 代 理　三友圖書有限公司
地　　址　106 台北市安和路 2 段 213 號 4 樓
電　　話　(02) 2377-4155
傳　　真　(02) 2377-4355
E-mail　service@sanyau.com.tw
郵政劃撥　05844889 三友圖書有限公司

總 經 銷　大和書報圖書股份有限公司
地　　址　新北市新莊區五工五路 2 號
電　　話　(02) 8990-2588
傳　　真　(02) 2299-7900

製　　版　興旺彩色印刷製版有限公司
印　　刷　鴻海科技印刷股份有限公司
初　　版　2015 年 4 月
定　　價　新臺幣 280 元
ISBN　978-986-364-054-7（平裝）

本書繁體字版由香港萬里機構・飲食天地
出版社授權在台灣地區出版發行

國家圖書館出版品預行編目 (CIP) 資料

超人氣馬卡龍 X 慕斯：70 款頂級幸福風味
/ 鄒肇麟作 . -- 初版 . -- 臺北市：橘子文化，
2015.04　面；　公分
ISBN 978-986-364-054-7(平裝)

1. 點心食譜

427.16　　104004684

培養親子互動的好方法

近年香港流行很多不同形式的親子活動，親子廚房活動更是特別受家長歡迎。我個人對甜品情有獨鍾，尤其是西式糕餅，所以自己也期望能跟孩子們一同製作，希望從過程中提升親子關係，培養孩子做事有條理和責任感。

在沒有任何經驗下開始，親子活動可能會演變成一場鬧劇，所以在開始前試找高人指點，在偶然機會下讓我認識到 Alan 及其太太。

今次有幸為 Alan 的書寫序，期望能在這裡跟大家分享我對這本書的閱後感和實用性。對於我這名「整餅新手」，起初確實有點緊張，但沒想到這感覺很快就消失，這本書可以説是簡明扼要，由製餅需要那些工具，步驟等等都寫得非常詳細，讓我和孩子可以輕輕鬆鬆地去做，原本還在想可能有疑問時要打電話請教 Alan，最後都用不上這道板斧！

能夠跟孩子一同在家製作甜品，過程中的歡笑和完成後的喜悦，相信很難令人忘記，期望每一位讀者都能從書中體會到 Alan 編寫的心思及化繁為簡之製作方法，相信此書定能令每一位讀者都享受到製作中的樂趣，如能跟家人一同實踐，更能為孩子在親子教育上加多一點「甜」味！

Ken Sir
親職專家
家長會 Parent Club 首席顧問

推薦序

傳遞溫暖幸福的手作甜點

當這位我認識且欣賞的糕餅師 Alan 邀請我來寫這書的序時，令我回憶起生命中許多大大小小的重要時刻。還記得多年前 Alan 毅然放棄酒店的工作去創業之際，他一心本著將自己的心靈手巧造甜品，送給自己的家人、朋友及戀人，令收到的人都有幸福滿溢的感覺。

今天，他真的做到了！令人不敢相信，時光消逝，已經匆匆過了 8 年。自他們創業以後，我家大大小小的宴會、慶祝，蛋糕都是他一手包辦。我切切實實地感受到他們對顧客的貼心及做甜品的心思，特別是在我女兒 NaNa 懂得表達後，她對自己每個生日蛋糕都有著很多千奇百怪的想法，我們聽了都頭大如斗，只有 Alan 總會盡力去滿足她的要求，費盡心思，令她每個生日留下不少美好的回憶。因為準備這篇序而翻看多年的生日派對照片，見證兩位小孩的成長，倍感窩心；同時看見每個蛋糕的變化，也見證了 Alan 手藝的進步。

近日我的女兒也愛上了和媽媽在家製作甜品，看來 Alan 今次出書又可以令我們增添不少親子時間呢！

李霖恩

前言

創造繽紛童年的美好回憶

在繁忙的都市裡，終日忙碌不停，每天都在打轉，沒有時間細細欣賞周邊事物。自從有了小朋友，無論心情、做事幹勁，都有顯著變化，從一板一眼的生活，轉變為色彩繽紛和充滿童真的快樂生活，激發起生活的漣漪，漸漸產生變化。

這本書與我第一本甜品書的明顯變化，在於用色，很陽光又有趣味精緻，一洗昔日高級酒店或餐廳的典雅風格，更因開了不少親子班及與女性學員互動，讓我的甜品更趨年輕化和更富少女青春氣色，當然也少不了小孩的童夢感覺。

我在做這書的構思時，看著兒子的趣緻表情，看著看著就變成了今天新書的樣子，連編輯也連聲驚訝！「Alan，你真的變得更懂得市場的需要。」我說：「不！只是數年內與人互動，把創作靈感發揮到了別的色彩世界吧！」我喜歡這方面的轉變，鞭策我動腦筋玩變化。

Alan Chow

目錄

一啖著迷的馬卡龍 Macarons

入口即溶的慕斯
Mousses

一見傾心甜品（1+1 的變化）

香氛幻想甜品

一啖著迷的
馬卡龍
Macarons

馬卡龍的小故事

很多人以為「馬卡龍」是法國甜點，其實這種小甜餅是源於義大利的。只是不同地區的稱呼略有不同，義大利文 macaroni，英文則是 macaroon，至於法文就是 macaron。它是用杏仁粉、砂糖和蛋白做成的精緻餅食，故別名又叫「小杏仁餅」。 中世紀時，遠洋貨船載著大量亞洲貨品抵達威尼斯的碼頭，當中有數百噸杏仁，自此歐洲人就愛上了這種風味獨特的果仁，漸漸竟成為歐洲人餐桌上的重要食材。

威尼斯也是 Macarons 的發源地，這種小餅最早在 13 世紀已出現於威尼斯。到了 16 世紀，義大利公主 Catherine de'Medici 在 1533 年與法王亨利二世（King Henry II）締成鴛侶，一眾隨從僕人和廚師也陪嫁到法國，把義大利飲食文化和食譜一併帶到法國；由於她鍾愛馬卡龍，轉眼這種小點也成為法國上流社會時尚美食，繼而風行全法國，大小城市紛紛效法和創作自己的食譜，最終演變成法式小甜點。

法國聖桑．德呂茲（Saint-Jean-de-Luz）的馬卡龍由一年輕糕餅師 Adam 創製，作為慶祝法王路易十四世與西班牙公主 Maria Theresa 婚宴上的小點心。時至今日，這城市著名的馬卡龍仍十分流行。

南施馬卡龍（Macarons de Nancy）誕生於 18 世紀，由當地女修道院的修女創製。修女們在守齋期要戒吃肉，她們就以營養豐富的杏仁代替肉類。法國大革命開始，修女們被逼逃亡，其中兩修女 Sister Gaillot 和 Sister Merlot 藏於一位醫生家中，以煮食和整理家居作回報，她們的食譜從此流傳，南施馬卡龍也漸漸聞名於世，一舉成名。

時至今日，馬卡龍不但是歐洲的特色甜點，早已風靡全球。色彩繽紛，小巧玲瓏，廣受女性歡迎。其作法雖然大同小異，然而配搭餡料，味道就千變萬化了，常用的餡料有奶油、果泥軟心等。香港的糕餅店或烘焙教室，創意無限，製作出來的馬卡龍除傳統的圓形外，還有許多可愛卡通造型。

馬卡龍製作：常見問題與解答

：馬卡龍圓餅烤好之後卻裂開了？

麵糊放入烤箱之前必須靜置一會，等風乾，以排出濕氣。若沒有充分時間風乾就進行烘烤，則有可能出現裂痕。

：烤好後的製成品變得太乾，是什麼原因？

這可能是「壓拌麵糊」不夠徹底，若麵糊沒有均勻地混合，烤好的成品便會變得粗燥乾硬。

：如何調整溫度？應何時調整溫度？

如果烤箱的火力過強，圓餅表面可能出現裂痕。如看見圓餅的表面已烤好而中心未熟，可將溫度調低一點令中心熟透而不致表面燒焦。而不同廠牌型號的烤箱，電烤箱和氣體烤箱的預熱時間，各自的烘焙時間都有差異，建議多試幾次，找出你家中烤箱的最佳烘焙時間！

：外形很美，但咬下去卻發現圓餅空洞，是什麼原因呢？

由於圓餅的中心水分比較多，因為重量關係，會令麵糊向四周流動。如果烘焙時使用的火力較弱，則有可能出現空洞的口感。

：為何做不到裙邊的效果？

馬卡龍出現裙邊是因為圓餅遇熱膨脹時，空氣沒有地方排出而形成。當蛋白霜打發不完全時，麵糊中的氣泡仍然很大，空氣遇熱就會往氣泡那邊移動，因此較不易出現裙邊。

：在夾入果醬後，圓餅為什麼變得濕軟？

因為圓餅與含水分的果醬接觸，吸收水分變軟。建議不要夾入水分較多的食材，應把果醬煮乾一點。

常用的製餅工具

1 **平面抹刀**（palette）：有金屬和塑膠兩款，刀面平坦。用於切割麵團，混合和抹平麵糊。

2 **齒狀抹刀**（geared palette）：在抹平麵團時可產生紋理的效果。

3 **蛋糕轉盤**（turning cake table）：裝飾蛋糕時，借用可轉動的盤子，方便裝飾糕餅。

4 **噴槍**（torch）：用氣體作燃料接噴嘴噴出火焰，可助脫模和燒面。

5 **攪拌碗**（mixing bowl）：用於混合材料和攪拌材料。

6 **篩網**（sieve）：把材料或麵糊過濾。

7 **手提電動打蛋器**（electricity mixer）：用來攪拌或打發物料。

8 **抹刀**（palette knife）：分有平口或曲折兩種，抹平奶油。

9 **鋸齒刀**（geared knife）：切割蛋糕或麵包之用。

10 **打蛋器**（hand whipper）：以手打發或攪拌物料之用。

11 **刮刀**（plastic spatula）：用作攪拌麵糊和混合物料。

12 **擀麵棍**（rolling pin）：用來擀薄麵團。

16 **小慕斯杯或果凍杯**（mini-mousse moulds）：為果凍或慕斯造型。

13 **擠花袋**（piping bag）：盛裝麵糊、奶油和粉團的三角塑膠袋。

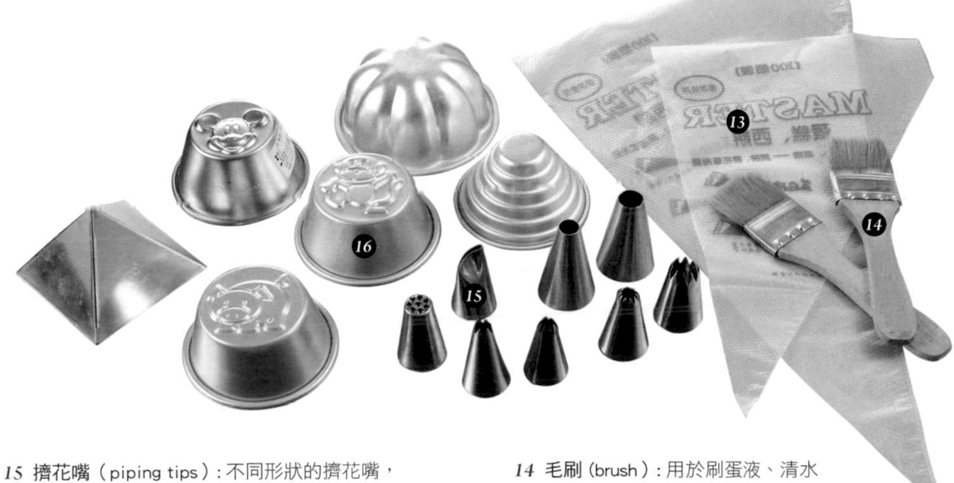

15 **擠花嘴**（piping tips）：不同形狀的擠花嘴，可用來裝飾糕餅。

14 **毛刷**（brush）：用於刷蛋液、清水或去掉表面粉粒。

原味馬卡龍
Basic Macarons

材料

糖霜 65 克
杏仁粉 65 克
蛋白 50 克
糖 70 克

鮮奶油

糖 40 克
水 13 毫升
蛋 50 克
無鹽奶油 200 克

TIPS

原味馬卡龍加入不同材料和創意，就可變化出不同味道、形狀和顏色，以下來做 11 款特色馬卡龍。

作法

預備

預熱烤箱至 170℃。

馬卡龍餅

1. 把杏仁粉和糖霜篩去粗粒備用。
2. 把蛋白用打蛋器打至起泡。
3. 分數次加入糖，用慢速攪拌至有光澤。
4. 分 2 次輕輕拌入杏仁粉和糖霜混合物，攪至細滑及有光澤，做成杏仁醬。
5. 把杏仁醬放入已有花嘴的擠花袋內，在烘焙紙上擠出約 3.5 公分直徑的圓形。
6. 10 分鐘後，馬卡龍表面風乾後，用 170℃烤約 5 分鐘，降溫至 150℃再烤 7 分鐘。

鮮奶油

1. 把糖和水煮熱至 120℃。
2. 把蛋用打蛋器打至起泡，然後加入已煮滾的糖水，不停攪拌至冷卻。
3. 加入軟化無鹽奶油攪拌至完全混合。

組合及裝飾

把鮮奶油擠在馬卡龍餅上，再把另一塊餅蓋上。

法式馬卡龍
French Macarons

● 材料

糖霜 65 克
杏仁粉 65 克
蛋白 50 克
糖 70 克

鮮奶油

糖 40 克
水 13 毫升
蛋 50 克
無鹽奶油 200 克

● 作法

預備

1 預熱烤箱至 170℃。
2 把杏仁粉和糖霜篩去粗粒備用。

馬卡龍餅

1 把蛋白用打蛋器打至起泡，分數次加入糖，用慢速攪拌至有光澤。
2 分 2 次輕輕拌入杏仁粉和糖霜混合物至細滑及有光澤，做成杏仁醬。
3 把杏仁醬放入已裝好花嘴的擠花袋內，在烘焙紙上擠約 3.5 公分直徑的圓形。
4 10 分鐘後，馬卡龍餅表面風乾後，用 170℃烤約 5 分鐘，降溫至 150℃烤 7 分鐘。

鮮奶油

1 把糖和水煮熱至 120℃。
2 把蛋用打蛋器打至起泡，加入已煮滾的糖水，不停攪拌至冷卻。
3 加入軟化無鹽奶油攪拌至完全混合。

● 組合及裝飾

把鮮奶油擠在馬卡龍餅上，再把另一塊餅蓋上。

義式馬卡龍
Italian Macarons

材料

杏仁醬

- 糖霜 75 克
- 杏仁粉 100 克
- 蛋白 50 克
- 紅色食用色素少許

蛋白醬

- 蛋白 60 克
- 糖 70 克
- 水 30 毫升

覆盆子鮮奶油

- 糖 40 克
- 蛋 50 克
- 覆盆子泥 3 湯匙
- 水 13 毫升
- 無鹽奶油 200 克

作法

預備

1 預熱烤箱至 170℃。

2 把杏仁粉和糖霜篩去粗粒，加入蛋白拌勻，做成杏仁醬備用。

馬卡龍餅

1 把糖和水煮熱至 120℃。

2 把蛋用打蛋器打至起泡，然後加入已煮滾的糖水，不停攪拌至冷卻。

3 分 2 次輕輕拌入杏仁粉和糖霜混合物至細滑及有光澤。

4 把杏仁醬放入已裝上花嘴的擠花袋內，在烘焙紙上擠約 4 公分直徑的心形。

5 20 分鐘後，馬卡龍餅表面風乾後，用 170℃烤約 5 分鐘，降溫至 150℃烤 7 分鐘。

覆盆子鮮奶油

1 把糖和水煮熱至 120℃。

2 把蛋用打蛋器打至起泡，然後加入已煮滾的糖水，不停攪拌至冷卻。

3 加入軟化無鹽奶油和覆盆子果泥攪拌至完全混合。

組合及裝飾

把覆盆子鮮奶油擠在馬卡龍餅上，再把另一塊餅蓋上。

大大咖啡馬卡龍
Gigantic Coffee Macarons

材料

糖霜 60 克
杏仁粉 65 克
蛋白 50 克
糖 70 克
咖啡香油少許
覆盆子 30 粒（裝飾用）

咖啡奶油
糖 40 克
水 13 毫升
蛋 50 克
無鹽奶油 200 克
咖啡粉 10 克
熱水 20 毫升

作法

預備

預熱烤箱至 170℃。

馬卡龍餅

1 把杏仁粉、糖霜篩去粗粒備用。
2 把蛋白用打蛋器打至起泡，分數次加入糖，用慢速攪拌至有光澤。
3 分 2 次輕輕拌入步驟 1 的混合物至細滑及有光澤，再加入咖啡香油做成杏仁醬。
4 把杏仁醬放入已有花嘴的擠花袋內，在烤箱紙上擠約 9 公分直徑的圓形。
5 30 分鐘後，馬卡龍餅表面風乾後，用 170℃烤約 6 分鐘，降溫至 150℃烤 10 分鐘。

咖啡奶油

1 把熱水和咖啡粉混合成咖啡水。
2 把糖和水煮熱至 120℃。
3 把蛋用打蛋器打至起泡，然後加入已煮滾的糖水，不停攪拌至冷卻。
4 加入已變軟的無鹽奶油及咖啡水，攪拌至完全混合。

組合及裝飾

把咖啡奶油分幾點擠在馬卡龍餅上，每點奶油之間放入一粒覆盆子作裝飾，然後蓋上另一片馬卡龍餅。可在餅上加裝飾。

南施馬卡龍
Macarons de Nancy

材料

糖霜 140 克
杏仁粉 80 克
蛋白 70 克
麵粉 10 克
糖 60 克
水 20 毫升

焦糖奶油

糖 40 克
水 13 毫升
蛋 50 克
無鹽奶油 200 克
糖 80 克

作法

預備

預熱烤箱至 170℃。

馬卡龍餅

1. 把杏仁粉和糖霜篩去粗粒，加入蛋白拌勻，然後放室溫靜置 2 小時。
2. 加入麵粉和已煮熱的糖水拌勻。
3. 把杏仁醬放入已有花嘴的擠花袋內，在烤箱紙上擠約 2.5 公分直徑的圓形。
4. 10 分鐘後，馬卡龍餅表面風乾後，用濕布輕輕抹在表面上，用 170℃烤約 15 分鐘左右至金黃色。

焦糖奶油

1. 把 80 克糖煮成焦糖，然後加入已煮熱的糖水拌勻。
2. 把 40 克糖和水 13 毫升煮熱至 120℃。
3. 把蛋用打蛋器打至起泡，然後加入已煮滾的糖水，不停攪拌至冷卻。
4. 加入已變軟的無鹽奶油攪拌，再加入步驟 3 的糖水混合物至完全混合。

組合及裝飾

把焦糖奶油擠在馬卡龍餅上，放上喜歡的莓果作裝飾，然後蓋上另一片馬卡龍餅即成。

兔仔家族馬卡龍
Bunny Shaped Macarons

10粒／60分鐘

● 材料

糖霜 60 克
杏仁粉 65 克
蛋白 50 克
糖 70 克
白色食用色素少許

皇室糖霜
糖霜 50 克
蛋白 10 克
食用色素少許

芒果奶油
糖 40 克
水 13 毫升
蛋 50 克
無鹽奶油 200 克
芒果泥 3 湯匙

● 作法

預備
預熱烤箱至 170℃。

馬卡龍餅
1 把杏仁粉、糖霜和白色食用色素篩去粗粒備用。
2 把蛋白用打蛋器打至起泡，分數次加入糖，用慢速攪拌至有光澤。
3 分 2 次輕輕拌入步驟 1 的混合物至細滑及有光澤，做成杏仁醬。
4 把杏仁醬放入已有花嘴的擠花袋內，在烤箱紙上擠約 4 公分直徑的兔仔形狀。
5 10 分鐘後，馬卡龍餅表面風乾後，用 170℃烤約 6 分鐘，降溫至 150℃再烤 5 分鐘。
6 放涼後，用皇室糖霜畫上自己喜愛的圖案。

芒果奶油
1 把糖和水煮熱至 120℃。
2 把蛋用打蛋器打至起泡，然後加入已煮滾的糖水，不停攪拌至冷卻。
3 加入已變軟的無鹽奶油和芒果泥，攪拌至完全混合。

皇室糖霜
把糖霜和蛋白拌勻，然後加入食用色素。

● 組合及裝飾

把芒果奶油擠在馬卡龍餅上，再蓋上另一塊餅，然後用皇室糖霜在餅面畫上兔仔的臉。

橙薑紐紋馬卡龍
Orange Ginger Striped Macarons

15 粒／60 分鐘

材料

糖霜 65 克
杏仁粉 65 克
蛋白 50 克
糖 70 克
香橙香油少許

橙薑奶油

糖 40 克
水 13 毫升
蛋 50 克
無鹽奶油 200 克
薑汁 1 湯匙
香橙香油少許

作法

預備

預熱烤箱至 170℃。

馬卡龍餅

1. 把杏仁粉、糖霜篩去粗粒備用。
2. 把蛋白用打蛋器打至起泡，分數次加入糖，用慢速攪拌至有光澤。
3. 分 2 次輕輕拌入步驟 1 的混合物至細滑及有光澤，做成杏仁醬。
4. 把一半杏仁醬放入已有花嘴的擠花袋內，另一半加入香橙香油，放到另一邊擠花袋內，在烘焙紙上擠約 2.5 公分直徑的圓形。
5. 10 分鐘後，馬卡龍餅表面風乾後，用 170℃烤約 6 分鐘，降溫至 150℃再烤 5 分鐘。

橙薑奶油

1. 把糖和水煮熱至 120℃。
2. 把蛋用打蛋器打至起泡，然後加入已煮滾的糖水，不停攪拌至冷卻。
3. 加入已變軟的無鹽奶油、薑汁及香橙香油，攪拌至完全混合。

組合及裝飾

把橙薑奶油擠在馬卡龍餅上，然後蓋上另一片馬卡龍餅即成。

竹炭芝麻馬卡龍

Charcoal Sesame Macarons

15 粒／60 分鐘

材料

糖霜 65 克
杏仁粉 65 克
蛋白 50 克
糖 70 克
竹炭粉 3 克

黑芝麻奶油

糖 40 克
水 13 毫升
蛋 50 克
無鹽奶油 200 克
黑芝麻醬 2 湯匙

作法

預備

預熱烤箱至 170℃。

馬卡龍餅

1. 把杏仁粉、糖霜和竹炭粉篩去粗粒備用。
2. 把蛋白用打蛋器打至起泡，分數次加入糖，用慢速攪拌至有光澤。
3. 分 2 次輕輕拌入步驟 1 的混合物至細滑及有光澤，做成杏仁醬。
4. 把杏仁醬放入已有花嘴的擠花袋內，在烘焙紙上擠約 2.5 公分直徑的圓形。
5. 10 分鐘後，馬卡龍餅表面風乾後，用 170℃烤約 6 分鐘，降溫至 150℃再烤 5 分鐘。

黑芝麻奶油

1. 把糖和水煮熱至 120℃。
2. 把蛋用打蛋器打至起泡，然後加入已煮滾的糖水，不停攪拌至冷卻。
3. 加入已變軟的無鹽奶油及黑芝麻醬，攪拌至完全混合。

組合及裝飾

把黑芝麻奶油擠在馬卡龍餅上，再把另一塊餅蓋上。

綠茶馬卡龍
Matcha Macarons

15 粒／60 分鐘

● 材料

糖霜 60 克
杏仁粉 65 克
蛋白 50 克
糖 70 克
綠茶粉 5 克

綠茶奶油

糖 40 克
水 13 毫升
蛋 50 克
無鹽奶油 200 克
綠茶粉 5 克

● 作法

預備

預熱烤箱至 170℃。

馬卡龍餅

1. 把杏仁粉、糖霜和綠茶粉篩去粗粒備用。
2. 把蛋白用打蛋器打至起泡，分數次加入糖，用慢速攪拌至有光澤。
3. 分 2 次輕輕拌入步驟 1 的混合物至細滑及有光澤，做成杏仁醬。
4. 把杏仁醬放入已有花嘴的擠花袋內，在烘焙紙上擠約 2.5 公分直徑的圓形。
5. 10 分鐘後，馬卡龍餅表面風乾後，用 170℃烤約 6 分鐘，降溫至 150℃再烤 5 分鐘。

綠茶奶油

1. 把糖和水煮熱至 120℃。
2. 把蛋用打蛋器打至起泡，然後加入已煮滾的糖水，不停攪拌至冷卻。
3. 加入已變軟的無鹽奶油及綠茶粉，攪拌至完全混合。

● 組合及裝飾

把綠茶奶油擠在馬卡龍餅上，然後蓋上另一片馬卡龍餅即成。

藍莓馬卡龍棒棒

Blueberry Macaron Sticks

15 粒／60 分鐘

材料

糖霜 65 克
杏仁粉 65 克
蛋白 50 克
糖 70 克
藍色食用色素少許

藍莓奶油

- 糖 40 克
- 水 13 毫升
- 蛋 50 克
- 無鹽奶油 200 克
- 藍莓醬 3 湯匙

作法

預備

預熱烤箱至 170℃。

馬卡龍餅

1. 把杏仁粉、糖霜和藍色食用色素篩去粗粒備用。
2. 把蛋白用打蛋器打至起泡，分數次加入糖，用慢速攪拌至有光澤。
3. 分 2 次輕輕拌入步驟 1 的混合物至細滑及有光澤，做成杏仁醬。
4. 把杏仁醬放入已有花嘴的擠花袋內，在烘焙紙上擠約 2.5 公分直徑的圓形。
5. 10 分鐘後，馬卡龍餅表面風乾後，用 170℃烤約 6 分鐘，降溫至 150℃再烤 5 分鐘。

藍莓奶油

1. 把糖和水煮熱至 120℃。
2. 把蛋用打蛋器打至起泡，然後加入已煮滾的糖水，不停攪拌至冷卻。
3. 加入已變軟的無鹽奶油及藍莓醬，攪拌至混合。

組合及裝飾

把奶油擠在馬卡龍餅上，加上棒棒，再把另一塊餅蓋上。

玫瑰馬卡龍
Rose Macarons

材料

糖霜 65 克
杏仁粉 65 克
蛋白 50 克
糖 70 克
玫瑰花瓣少許

玫瑰奶油

糖 40 克
水 13 毫升
蛋 50 克
無鹽奶油 200 克
玫瑰香油少許

作法

預備

預熱烤箱至 170℃。

馬卡龍餅

1 把杏仁粉、糖霜篩去粗粒備用。
2 把蛋白用打蛋器打至起泡，分數次加入糖，用慢速攪拌至有光澤。
3 分 2 次輕輕拌入步驟 1 的混合物至細滑及有光澤，做成杏仁醬。
4 把杏仁醬放入已有花嘴的擠花袋內，在烘焙紙上擠約 2.5 公分直徑的圓形，放上玫瑰花瓣。
5 10 分鐘後，馬卡龍餅表面風乾後，用 170℃烤約 6 分鐘，降溫至 150℃再烤 5 分鐘。

玫瑰奶油

1 把糖和水煮熱至 120℃。
2 把蛋用打蛋器打至起泡，然後加入已煮滾的糖水，不停攪拌至冷卻。
3 加入已變軟的無鹽奶油及玫瑰香油，攪拌至完全混合。

組合及裝飾

把玫瑰奶油擠在馬卡龍餅上，蓋上另一塊餅；餅面撒上小片玫瑰花瓣作裝飾。

花花馬卡龍
Flower Macarons

● 材料

糖霜 35 克
杏仁粉 35 克
蛋白 25 克
糖 35 克
食用色素少許

皇室糖霜

糖霜 50 克
蛋白 10 克
食用色素少許

薰衣草奶油

糖 40 克
水 13 毫升
蛋 50 克
無鹽奶油 200 克
薰衣草香油少許

● 作法

預備

預熱烤箱至 170℃。

馬卡龍餅

1 把杏仁粉、糖霜和食用色素篩去粗粒備用。
2 把蛋白用打蛋器打至起泡，分數次加入糖，用慢速攪拌至有光澤。
3 分 2 次輕輕拌入步驟 1 的混合物至細滑及有光澤，做成杏仁醬。
4 把杏仁醬放入已有花嘴的擠花袋內，在烘焙紙上擠約 4 公分直徑的花花形狀。
5 10 分鐘後，馬卡龍餅表面風乾後，用 170℃烤約 6 分鐘，降溫至 150℃再烤 5 分鐘。
6 放涼後，用皇室糖霜畫上自己喜愛的圖案。

薰衣草奶油

1 把糖和水煮熱至 120℃。
2 把蛋用打蛋器打至起泡，然後加入已煮滾的糖水，不停攪拌至冷卻。
3 加入已變軟的無鹽奶油及薰衣草香油攪拌至完全混合。

皇室糖霜

把糖霜和蛋白拌勻，然後加入食用色素。

● 組合及裝飾

把薰衣草奶油擠在馬卡龍餅上，然後蓋上另一塊餅，最後將糖霜擠在花形馬卡龍餅面當作花蕊即成。

入口即溶的

慕斯

Mousses

慕斯甜品的小故事

慕斯（Mousse）是 1960 年代開始流行的甜品，源自一家法國餐廳。一般的慕斯，質感輕柔，充滿微小氣泡，由雞蛋和奶油組成，入口即化，在近代甜品界佔有重要位置。

據説最初的慕斯不使用奶油，僅以蛋黃、蛋白和糖做基本材料，後來才搭配巧克力或香料，做味道上的變化。近代慕斯的味道變化數之不盡，水果和巧克力風味最受女性和小朋友歡迎，至於乳酪和茶味慕斯是近 20 年的新潮流。

慕斯原是甜品，需要用匙子舀起享用，之後，聰明的烘焙師配合了蛋糕、酥餅等糕點，創造了各式各樣的慕斯蛋糕、慕斯杯和派，再加上味道的變化，為甜品世界增添了繽紛色彩。

慕斯甜品製作：常見問題與解答

：慕斯是怎樣做出來的？

1）把果泥或已溶掉的巧克力加入已打發的淡奶油拌勻。

2）蛋黃法：將蛋黃和糖隔水加熱，攪拌至乳白色及濃稠，然後加入果泥或已溶掉的巧克力，最後和淡奶油拌勻。

3）蛋白法：將蛋白打發，加入已煮滾的糖水以高速攪拌，然後加入果泥或已溶掉的巧克力，最後和淡奶油拌勻。

：奶油打了很久都不夠滑，是什麼原因呢？

打奶油不要打太久，只要攪拌到軟雪糕狀態便可。如初學者未能掌握打蛋器力道，可在看見奶油有花紋的時候將打蛋器轉成中速，較容易觀看其變化。

：做出來的慕斯蛋糕太硬太乾，是什麼原因呢？

如果慕斯太硬，可能是吉利丁比例太多，令餡料不夠軟滑。或是在攪拌吉利丁時不夠快，讓有些塊狀吉利丁遇冷而凝固。另一個可能性是奶油打得太久，形成一團團的奶油，即使再攪拌也未能使它變滑。至於表面太乾可能是在冰櫃放太久令表面風乾了。

：慕斯糊太稀，甚至呈水狀，是什麼原因呢？

是蛋黃或蛋白攪打得不夠發，或是吉利丁片過熱，使奶油拌入時融掉了。

：如何正確使用吉利丁片、吉利丁粉？

吉利丁片先用冰開水浸泡數分鐘，令其變軟，再將冰水倒去。將已浸軟的吉利丁片用熱水泡融，或用微波爐加熱數秒溶解便可使用。 吉利丁粉需以吉利丁粉與水（1:3 比例）的份量攪拌。攪拌後用熱水泡融，或用微波爐加熱數秒溶解便可使用。

注意：使用微波爐太久會令水分流失，吉利丁變乾便不能使用了。

逗趣甜品（1+1 的變化）

桂花蜂蜜慕斯

Osmanthus Honey Mousse

● 材料

海綿蛋糕 1 片

桂花蜂蜜慕斯

淡奶油 180 克
蛋黃 40 克
糖 20 克
水 8 毫升
吉利丁片 5 克
蜂蜜 30 克
桂花糖 1 茶匙

桂花果凍

水 100 毫升
糖 20 克
吉利丁片 6 克
桂花糖 2 茶匙

● 作法

桂花蜂蜜慕斯

1. 淡奶油打發至軟雪糕狀備用。
2. 將蛋黃打至淡黃色，然後將糖及水煮至 120℃，倒進蛋黃內以高速打至冷卻，加入蜂蜜和桂花糖拌勻。
3. 加入已浸軟及融化的吉利丁片，快速攪勻。
4. 最後加入已打發的淡奶油。

桂花果凍

水和糖煮融後放入浸軟吉利丁片拌勻，加入桂花糖，放涼備用。

● 組合及裝飾

1. 放 1/3 蜂蜜慕斯餡料入杯內，倒入一層桂花果凍，放入冰庫至凝固。
2. 倒入桂花蜂蜜慕斯餡料，再放上蛋糕片，倒入剩餘的慕斯餡料，放入冰庫至凝固。
3. 冷凍後放上糖膠蜜蜂和巧克力作裝飾。

TIPS

桂花蜂蜜慕斯必須等桂花果凍凝固後才可倒入。

Osmanthus Honey Mousse Cake

材料

海綿蛋糕 2 片

桂花蜂蜜慕斯

- 淡奶油 180 克
- 蛋黃 40 克
- 糖 20 克
- 水 8 毫升
- 吉利丁片 10 毫升
- 蜂蜜 30 克
- 桂花糖 1 茶匙

桂花果凍

- 水 100 毫升
- 糖 20 克
- 吉利丁片 8 克
- 桂花糖 2 茶匙

作法

桂花蜂蜜慕斯

1. 淡奶油打發至軟雪糕狀備用。
2. 將蛋黃打至淡黃色，然後將糖及水煮至120℃，倒進蛋黃內以高速打至冷卻，加入蜂蜜和桂花糖拌勻。
3. 加入已浸軟及融化的吉利丁片，快速攪勻。
4. 最後加入已打發的淡奶油，拌勻冷凍。

桂花果凍

1. 水和糖煮融後放入浸軟吉利丁片，拌勻。
2. 加入桂花糖，放涼備用。

組合及裝飾

1. 放一片蛋糕於蛋糕模內，倒入一半桂花蜂蜜慕斯餡料，再放上第二片蛋糕，倒入剩餘的慕斯餡料抹平冷凍。
2. 倒入已放涼的桂花果凍，冷凍後放上糖膠蜜蜂作裝飾。

TIPS

1. 桂花蜂蜜慕斯要留位置放果凍。
2. 桂花果凍必須等桂花蜂蜜慕斯凝固後才可倒入，形成一層鏡面效果。

桂花果凍
桂花蜂蜜慕斯
海綿蛋糕

反斗猴子乳酪慕斯
Krispy Banana Cheese Mousse

60 分鐘

● 材料

巧克力脆片

香蕉乳酪餡

奶油乳酪 120 克
糖 60 克
水 20 毫升
蛋黃 50 克
淡奶油 170 克
吉利丁片 4 克
香蕉 100 克
檸檬汁 1/2 個

● 作法

香蕉乳酪餡

1 先把淡奶油用打蛋器打發至軟雪糕狀備用。
2 香蕉切粒，加入檸檬汁拌勻。
3 把糖和水加熱至 120℃，然後倒進蛋黃內用打蛋器打至冷卻。
4 放入奶油乳酪拌勻，加入香蕉粒和已浸軟及融化的吉利丁片，最後放入已打發的淡奶油拌勻。

● 組合及裝飾

1 擠入香蕉乳酪餡，冰至凝固。
2 放上巧克力脆片和糖膠作裝飾。

Krispy Banana Cheese Cake

6 吋圓形模具 1 個
150 分鐘

材料

巧克力脆脆底

- 黑巧克力（60%）30 克
- 巧克力脆片 40 克
- 榛果醬 80 克
- 核桃（切碎）20 克

桂花果凍

- 奶油乳酪 120 克
- 糖 60 克
- 水 20 毫升
- 蛋黃 50 克
- 淡奶油 170 克
- 吉利丁片 10 克
- 香蕉 100 克
- 檸檬汁 1/4 個

作法

巧克力脆脆底

把黑巧克力隔熱水拌至融化，然後加入榛果醬與巧克力脆片和核桃拌勻。

香蕉乳酪餡

1. 先把淡奶油用打蛋器打發至軟雪糕狀備用。
2. 香蕉切粒，加入檸檬汁拌勻。
3. 把糖和水加熱至 120℃，然後倒進蛋黃內用打蛋器打至冷卻。
4. 放入奶油乳酪內拌勻，加入香蕉粒和已浸軟及融化的吉利丁片，最後放入已打發的淡奶油拌勻。

組合及裝飾

1. 將巧克力脆脆底壓在餅圈內抹平，倒入香蕉乳酪餡，冰至凝固。
2. 凝固後脫模，噴上巧克力和放上香蕉作裝飾。

TIPS

1. 巧克力脆片是早餐穀類產品，也可選用原味脆片或薄脆片。
2. 加入檸檬汁可防止香蕉變黑。
3. 核桃要選用已烘焙過的。

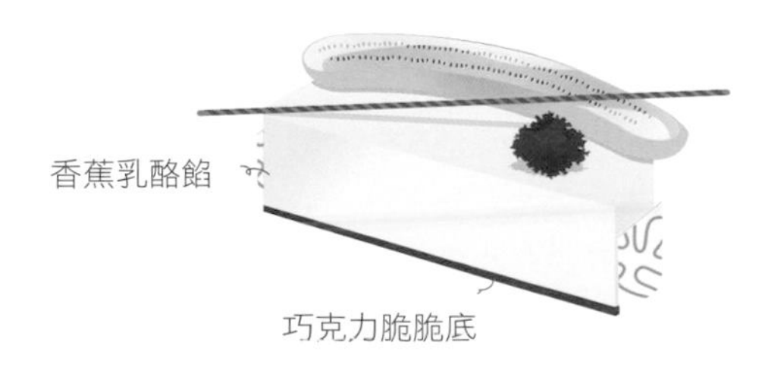

紅豔石榴
Pomegranate Mousse

60 分鐘

材料

巧克力海綿蛋糕 1 片

紅石榴花茶果凍

水 120 克
糖 25 克
吉利丁片 6 克
紅石榴花茶 20 克

覆盆子慕斯

淡奶油 150 克
蛋白 30 克
糖 40 克
覆盆子泥 180 克
吉利丁片 8 克

作法

紅石榴花茶果凍

1. 把紅石榴花茶和水煮滾，離火蓋上蓋，焖 10 分鐘。
2. 濾去花茶，加入糖和已浸軟的吉利丁片，煮至融化，放涼備用。

覆盆子慕斯

1. 將淡奶油用打蛋器打發至軟雪糕狀備用。
2. 將蛋白打至起泡，然後將糖和水加熱至 120℃，倒進蛋白內高速攪拌，打至冷卻。
3. 加入覆盆子泥和已浸溶的吉利丁片快速攪勻。
4. 加入已打發的淡奶油拌勻。

組合及裝飾

1. 把一半覆盆子慕斯倒入杯內，冷凍，然後放入紅石榴花茶果凍，冷凍。
2. 放入巧克力海綿蛋糕，再倒入其餘的覆盆子慕斯，上面放上食用鮮花作裝飾。

TIPS

1. 紅石榴花茶在大型超級市場有售。
2. 糖水要加熱至 120℃，立刻倒進蛋白內攪拌，才可以達到殺菌效果。
3. 覆盆子鏡面要放涼至差不多凝固，才可淋在蛋糕上。

Pomegranate Mousse Cake

2.5 吋圓形模具 6 個
120 分鐘

材料

巧克力海綿蛋糕 1 片

紅石榴花茶果凍
- 水 120 毫升
- 糖 25 克
- 吉利丁片 8 克
- 紅石榴花茶 20 克
- 覆盆子 7 粒

覆盆子慕斯
- 淡奶油 150 克
- 蛋白 30 克
- 糖 40 克
- 覆盆子泥 180 克
- 吉利丁片 12 克

覆盆子鏡面
- 覆盆子泥 110 克
- 鏡面果凍 160 克
- 吉利丁片 14 克

作法

紅石榴花茶果凍

1. 把紅石榴花茶和水煮滾，離火上蓋焗 10 分鐘。
2. 濾去花茶，加入糖和已浸軟的吉利丁片，煮至融化，最後加入切半的覆盆子，倒入模內，放入冰庫至凝固。

覆盆子慕斯

1. 將淡奶油用打蛋器打發至軟雪糕狀備用。
2. 將蛋白打至起泡，然後將糖和水加熱至 120℃，倒進蛋白內高速攪拌，打至冷卻。
3. 加入覆盆子泥和已浸溶的吉利丁片快速攪勻。
4. 加入已打發的淡奶油拌勻。

覆盆子鏡面

將覆盆子泥加入鏡面果凍攪勻，再放入已融化的吉利丁片，濾出粗粒即成。

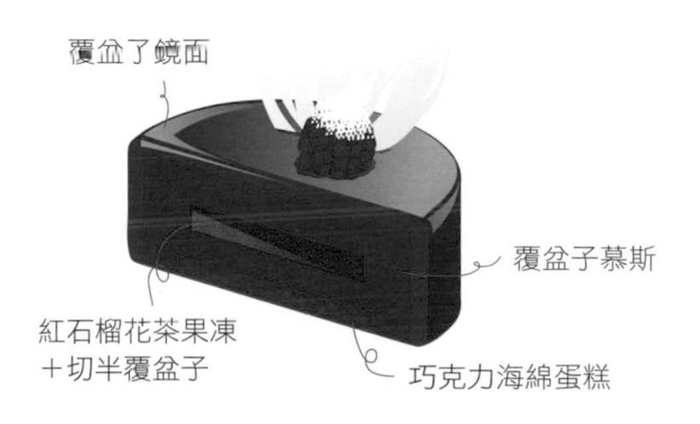

組合及裝飾

1. 把一半覆盆子慕斯倒入模內，然後放入已凝固脫模的紅石榴花茶果凍。
2. 再倒入其餘的覆盆子慕斯，抹平，放入巧克力海綿蛋糕，放入冰庫至凝固。
3. 脫模後淋上覆盆子鏡面，放上白巧克力和覆盆子作裝飾。

玫瑰飄香
Rose Temptation Mousse

90 分鐘

材料

海綿蛋糕 1 片

玫瑰荔枝慕斯
- 淡奶油 150 克
- 牛奶 150 毫升
- 糖 40 克
- 蛋黃 50 克
- 吉利丁片 6 克
- 玫瑰荔枝茶包 5 包

荔枝果凍
- 荔枝果泥 125 克
- 水 20 毫升
- 糖 20 克
- 吉利丁片 4 克

作法

玫瑰荔枝慕斯
1. 將玫瑰荔枝茶包和牛奶一起煮滾，離火然後上蓋焗 10 分鐘。
2. 將淡奶油用打蛋器打發至軟雪糕狀備用。
3. 蛋黃和糖打至奶黃色，然後加入已濾去茶包的玫瑰荔枝茶奶糊攪勻。
4. 把奶糊再放進鍋內煮滾，期間不停攪拌，然後加入已浸軟的吉利丁片，拌勻，濾去粗粒放涼，最後加入已打發的淡奶油拌勻。

荔枝果凍
1. 將水和糖煮融，放入浸軟吉利丁片，拌勻。
2. 加入荔枝果泥，倒入已包有保鮮膜的模內，放入冰庫至凝固。

組合及裝飾

1. 先倒入一半玫瑰荔枝慕斯，放入已切成粒狀的荔枝果凍。
2. 放入海綿蛋糕，倒入剩餘的玫瑰荔枝慕斯，冷凍凝固，放上糖膠作裝飾。

Rose Temptation Mousse Cake

6吋心形模具 1 個
100 分鐘

材料

海綿蛋糕 1 片

玫瑰荔枝慕斯
- 淡奶油 150 克
- 牛奶 150 毫升
- 糖 40 克
- 蛋黃 50 克
- 吉利丁片 10 克
- 玫瑰荔枝茶包 5 包

荔枝果凍
- 荔枝果泥 125 克
- 水 20 毫升
- 糖 20 克
- 吉利丁片 4 克

作法

玫瑰荔枝慕斯
1. 將玫瑰荔枝茶包和牛奶一起煮滾，離火然後上蓋燜 10 分鐘。
2. 將淡奶油用打蛋器打發至軟雪糕狀備用。
3. 蛋黃和糖打至奶黃色，然後加入已濾去茶包的玫瑰荔枝茶奶糊攪勻。
4. 把奶糊再放進鍋內煮滾，期間不停攪拌，然後加入已浸軟的吉利丁片，拌勻，濾去粗粒放涼，最後加入已打發的淡奶油拌勻。

荔枝果凍
1. 將水和糖煮溶，放入浸軟吉利丁片，拌勻。
2. 加入荔枝果泥，倒入已包有保鮮膜的 5 吋心形模內，放入冰庫至凝固。

組合及裝飾

1. 先倒入一半玫瑰荔枝慕斯，放入已脫模的荔枝果凍。
2. 倒入剩餘的玫瑰荔枝慕斯，最後放上海綿蛋糕並淋上糖水，冷凍凝固。將蛋糕反轉，脫模後畫上巧克力裝飾。

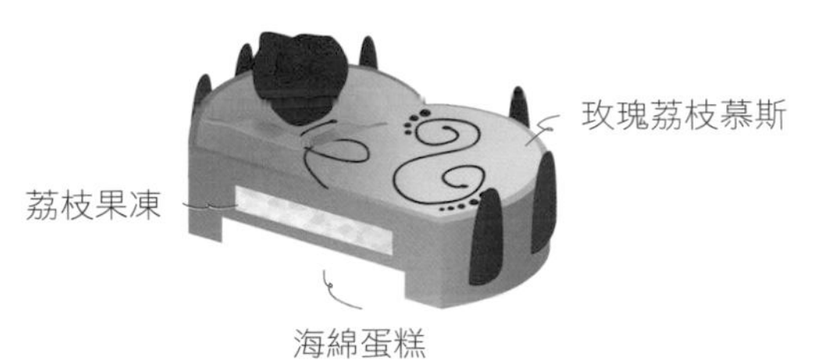

檸檬黑醋栗慕斯
Lemon and Blackcurrant Mousse

90 分鐘

● 材料

海綿蛋糕 1 片
巧克力餅（壓碎）適量
即溶麥片適量

檸檬夾心餡
蛋 75 克
奶油 45 克
檸檬汁 30 克
檸檬皮 1/4 個
糖 90 克

黑醋栗慕斯
黑醋栗泥 150 克
糖 30 克
淡奶油 150 克
吉利丁片 4 克

● 作法

檸檬夾心餡

1 把檸檬汁和糖煮滾後加入蛋，期間需不停攪拌，煮至濃稠後濾去粗粒。
2 加入奶油和檸檬皮碎拌勻，放涼備用。

黑醋栗慕斯

1 將糖和淡奶油用打蛋器打發至軟雪糕狀，備用。
2 將黑醋栗泥加入已打發的淡奶油拌勻。
3 加入已浸軟及融化的吉利丁片快速攪勻。

● 組合及裝飾

1 黑醋栗慕斯擠入杯內約一半，再將檸檬夾心餡擠在蛋糕中心。
2 再擠入剩下的黑醋栗慕斯，放上巧克力餅和即溶麥片。
3 放上糖膠花作裝飾。

Lemon and Blackcurrant Mousse Cake

3 吋半圓球形模 5 個
120 分鐘

材料

海綿蛋糕 1 片

檸檬夾心餡

- 蛋 75 克
- 奶油 45 克
- 檸檬汁 30 克
- 檸檬皮 1/4 個
- 糖 90 克

黑醋栗慕斯

- 黑醋栗泥 150 克
- 糖 30 克
- 淡奶油 150 克
- 吉利丁片 7 克

黑醋栗鏡面

- 黑醋栗泥 90 克
- 鏡面果凍 120 克
- 吉利丁 10 克

作法

檸檬夾心餡

1. 把檸檬汁和糖煮滾後加入蛋，期間需不停攪拌，煮至濃稠後濾去粗粒。
2. 加入奶油和檸檬皮拌勻，放涼備用。

黑醋栗慕斯

1. 將糖和淡奶油用打蛋器打發至軟雪糕狀備用。
2. 將黑醋栗泥加入已打發的淡奶油拌勻。
3. 加入已浸軟及融化的吉利丁片快速攪勻。

黑醋栗鏡面

把黑醋栗泥加入鏡面果凍攪勻，再加入已融化的吉利丁片拌勻。

組合及裝飾

1. 把黑醋栗慕斯擠入模內約一半，再將檸檬夾心餡擠在蛋糕的中心。
2. 再擠入剩下的黑醋栗慕斯，放上海綿蛋糕，放入冰庫至凝固。
3. 脫模後淋上黑醋栗鏡面作裝飾。

黑醋栗慕斯
黑醋栗鏡面
檸檬夾心餡
海綿蛋糕

TIPS

煮檸檬夾心時，加入蛋後需不斷攪拌，否則熱度會令雞蛋熟透。拌勻後可轉為慢火更容易控制。

香橙慕斯
Orange Mousse

90 分鐘

● 材料

海綿蛋糕 1 片

香橙果凍

鮮橙汁 100 毫升
糖 25 克
水 70 毫升
檸檬汁 10 克
吉利丁片 8 克

香橙慕斯

鮮橙汁 150 毫升
糖 80 克
卡士達粉 15 克
橙酒 10 毫升
淡奶油 300 克
柳橙 1/2 個
吉利丁片 15 克

● 作法

香橙果凍

1 水和糖煮滾，放入已浸軟的吉利丁片。
2 倒入橙汁和檸檬汁拌勻，倒入盤中冷凍凝固。

香橙慕斯

1 先把少許橙汁和卡士達粉拌勻。
2 鮮橙汁和糖煮熱，加入作法 1 的溶液中不停攪拌至沸騰，放涼備用。
3 把淡奶油用打蛋器打發至軟雪糕狀，加入作法 2 的混合液內拌勻，再放入橙酒和柳橙。
4 最後加入已浸軟及融化的吉利丁片，快速攪勻。

● 組合及裝飾

1 把香橙慕斯倒入杯內約 1/3 滿，放上海綿蛋糕。
2 加入已冷凍以及切粒的香橙果凍，再倒入剩餘的香橙慕斯約 9 成滿，冷凍凝固。
3 冷凍後放上香橙果凍和巧克力作裝飾。

Orange Mousse Cake

6 吋半球形模具 1 個
150 分鐘

● 材料

海綿蛋糕 1 片

糖水橙片
- 糖 200 克
- 水 200 毫升
- 鮮橙 1 個

香橙果凍
- 鮮橙汁 100 毫升
- 糖 25 克
- 水 70 毫升
- 檸檬汁 10 克
- 吉利丁片 8 克

香橙慕斯
- 鮮橙汁 150 毫升
- 糖 80 克
- 卡士達粉 15 克
- 橙酒 10 毫升
- 淡奶油 300 克
- 柳橙 1/4 個
- 吉利丁片 15 克

● 作法

糖水橙片

把糖和水煮滾熄火，然後放入切成薄片的鮮橙，浸 24 小時備用。

香橙果凍

1 水和糖煮滾，放入已浸軟的吉利丁片。
2 倒入橙汁和檸檬汁拌勻，倒入盤中冷凍凝固。

香橙慕斯

1 先把少許橙汁和卡士達粉拌勻。
2 鮮橙汁和糖煮熱，加入作法 1 的溶液中不停攪拌至沸騰，放涼備用。
3 把淡奶油用打蛋器打發至軟雪糕狀，加入作法 2 的溶液內拌勻，再放入橙酒和柳橙。
4 最後加入已浸軟及融化的吉利丁片快速攪勻。

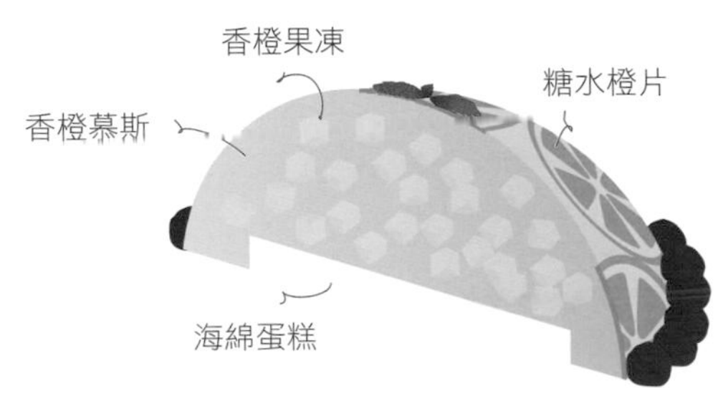

● 組合及裝飾

1 將糖水橙片鋪在半球形模內，然後把香橙慕斯倒入模內約一半。
2 加入已冷凍以及切粒的香橙果凍，再倒入剩餘的香橙慕斯約 9 成滿，放上海綿蛋糕，冷凍凝固。
3 脫模後淋上鏡面果凍，再放上巧克力脆球作裝飾。

森林之王
Forest King

● 材料

海綿蛋糕 1 片

青檸慕斯
- 萊姆汁 90 毫升
- 糖 40 克
- 淡奶油 100 克
- 吉利丁片 6 克

香蕉慕斯
- 香蕉泥 80 克
- 糖 20 克
- 淡奶油 70 克
- 吉利丁片 4 克

芒果百香果鏡面
- 芒果泥 50 克
- 百香果泥 40 克
- 鏡面果凍 120 克
- 吉利丁片 6 克

● 作法

青檸慕斯
1. 先將淡奶油用打蛋器打發至軟雪糕狀備用。
2. 把萊姆汁和糖煮熱，加入已浸軟的吉利丁片拌勻，放涼。
3. 加入已打發的淡奶油拌勻。

香蕉慕斯
1. 將淡奶油和糖用打蛋器打發至軟雪糕狀，備用。
2. 把香蕉泥加入，加入已浸軟和融化的吉利丁片拌勻。

芒果百香果鏡面

把芒果泥和百香果泥加入鏡面果凍攪勻再加入已融化的吉利丁片拌勻。

● 組合及裝飾
1. 倒入香蕉慕斯，放入冰庫至凝固，然後放入海綿蛋糕。
2. 倒入萊姆慕斯，放入冰庫至凝固，然後放入芒果百香果鏡面。
3. 放入冰庫至凝固後加上水果作裝飾。

Forest King Cake

5 吋餅模 1 個
6 吋圓形模具 1 個
120 分鐘

材料

消化餅皮
- 消化餅乾（壓碎）50 克
- 無鹽奶油 25 克

香芒百香果果凍
- 芒果果泥 30 克
- 百香果果泥 70 克
- 糖 35 克
- 吉利丁片 4 克

青檸慕斯
- 青檸汁 90 毫升
- 糖 40 克
- 淡奶油 100 克
- 吉利丁片 6 克

香蕉慕斯
- 香蕉泥 80 克
- 糖 20 克
- 淡奶油 70 克
- 吉利丁片 4 克

作法

餅皮

把消化餅碎和已融化奶油拌勻，然後壓在 5 吋餅圈內鋪平急凍備用。

香芒百香果果凍

1. 把芒果泥、百香果泥和糖煮至完全融化，然後加入已浸軟的吉利丁片拌勻，過篩。
2. 放入 4 吋圓形模內，再放入冰庫至凝固。

香芒百香果果凍

1. 將淡奶油用打蛋器打發至軟雪糕狀備用。
2. 把青檸汁和糖煮熱，加入已浸軟的吉利丁片拌勻，放涼。
3. 加入已打發的淡奶油拌勻。

香蕉慕斯

1. 將淡奶油和糖用打蛋器打發至軟雪糕狀備用。
2. 把香蕉泥加入，加入已浸軟和融化的吉利丁片拌勻。

青檸慕斯
香蕉慕斯
香芒百香果果凍
消化餅皮

組合及裝飾

1. 把消化餅皮壓在 5 吋餅模冰硬備用。
2. 把已凝固的香芒百香果果凍放入 6 吋圓形模具內，然後倒入青檸慕斯冷凍。
3. 倒入香蕉慕斯抹平，再放上已冰硬的消化餅皮，冷凍。
4. 反轉脫模後加上水果作裝飾。

百香果園
Tropical Mousse

材料

荔枝果凍
- 荔枝泥 150 克
- 糖 40 克
- 吉利丁片 6 克
- 荔枝肉 3 粒

百香果鏡面
- 百香果泥 40 克
- 芒果泥 30 克
- 光澤劑 100 克

百香果慕斯
- 淡奶油 150 克
- 糖 40 克
- 吉利丁片 6 克
- 牛奶 40 毫升
- 芒果泥 80 克
- 百香果泥 90 克

作法

荔枝果凍

把荔枝泥和糖煮熱，離火，加入已浸軟的吉利丁片拌溶，最後放入已切碎的荔枝肉，放入 5 吋圓形模內，放入冰庫至凝固。

百香果慕斯

1. 將糖和淡奶油用打蛋器打發至軟雪糕狀備用。
2. 將牛奶和芒果泥，百香果泥加入已打發的淡奶油拌勻。
3. 加入已浸軟及融化的吉利丁片快速攪勻。

百香果鏡面

芒果泥和百香果泥加入鏡面果凍攪勻，隔出粗粒即成。

組合及裝飾

1. 倒入百香果慕斯，放入已凝固和切粒的荔枝果凍。
2. 再倒入另一半百香果慕斯。
3. 放入百香果鏡面，水果和糖片作裝飾。

Tropical Mousse Cake

5 吋圓形模具 1 個
8 吋 ×4 吋長方形模具 1 個
120 分鐘

材料

椰子餅皮
- 消化餅乾（壓碎）60 克
- 無鹽奶油 30 克
- 椰絲 10 克

荔枝果凍
- 荔枝泥 150 克
- 糖 40 克
- 吉利丁片 6 克
- 荔枝肉 3 粒

百香果慕斯
- 淡奶油 150 克
- 糖 40 克
- 吉利丁片 10 克
- 牛奶 40 毫升
- 芒果泥 80 克

百香果鏡面
- 百香果泥 40 克
- 芒果泥 30 克
- 光澤劑 100 克
- 吉利丁片 8 克

作法

椰子餅皮

把奶油煮融，加入消化餅碎和椰絲拌勻，然後壓入餅模內。

荔枝果凍

把荔枝泥和糖煮熱，離火，加入已浸軟的吉利丁片拌溶，最後放入已切碎的荔枝肉，放入 5 吋圓形模內，放入冰庫至凝固。

百香果慕斯

1 先將糖和淡奶油用打蛋器打發至軟雪糕狀備用。
2 將牛奶和芒果泥，百香果泥加入已打發的淡奶油拌勻。
3 加入已浸軟及融化的吉利丁片快速攪勻。

百香果鏡面

芒果泥和百香果泥加入鏡面果凍攪勻，再放入已融化的吉利丁片，隔出粗粒即成。

百香果鏡面
荔枝果凍
椰子餅皮
百香果慕斯

組合及裝飾

1 把椰子餅皮壓在模內，然後倒入一半百香果慕斯。
2 放入已凝固的荔枝果凍，再倒入另一半百香果慕斯，抹平冷凍。
3 倒入百香果鏡面冷凍，脫模後放上水果作裝飾。

榴槤忘返
Durian Mousse Pudding

90分鐘

材料

海綿蛋糕 1 片

榴槤布丁

- 牛奶 20 克
- 水 35 毫升
- 糖 10 克
- 吉利丁片 4 克
- 榴槤肉 40 克

榴槤慕斯

- 榴槤肉 150 克
- 牛奶 40 毫升
- 淡奶油 150 克
- 吉利丁片 6 克

作法

榴槤布丁

1. 糖和水煮滾，然後加入已融化的吉利丁片。
2. 榴槤肉和牛奶放入攪拌機攪勻，然後放入作法 1 的溶液內拌勻，倒入細模內，放入冰庫至凝固。

榴槤慕斯

1. 將淡奶油用打蛋器打發至軟雪糕狀備用。
2. 榴槤肉和牛奶放入攪拌機攪勻，然後放入打發的奶油內拌勻。
3. 加入已浸軟及融化的吉利丁片快速攪勻。

組合及裝飾

1. 把榴槤慕斯倒入杯內約 1/3 滿，放上海綿蛋糕。
2. 放上榴槤布丁後再倒入榴槤慕斯，冷凍凝固。
3. 冷凍後放上餅碎作裝飾。

Durian Mousse Pudding

6 吋半球形模具 1 個
120 分鐘

● 材料

海綿蛋糕 1 片

榴槤布丁
- 牛奶 20 克
- 水 35 毫升
- 糖 10 克
- 吉利丁片 5 克
- 榴槤肉 40 克

榴槤慕斯
- 榴槤肉 150 克
- 牛奶 40 毫升
- 淡奶油 150 克
- 吉利丁片 8 克

● 作法

榴槤布丁
1. 糖和水煮滾，然後加入已融化的吉利丁片。
2. 榴槤肉和牛奶放入攪拌機攪勻，然後放入作法 1 的溶液內拌勻，倒入細模內，放入冰庫至凝固。

榴槤慕斯
1. 將淡奶油用打蛋器打發至軟雪糕狀備用。
2. 榴槤肉和牛奶放入攪拌機攪勻，然後放入打發的奶油內拌勻。
3. 加入已浸軟及融化的吉利丁片快速攪勻。

● 組合及裝飾
1. 把榴槤慕斯擠入模內約一半，再放入已凝固的榴槤布丁。
2. 再擠入剩下的榴槤慕斯，放上海綿蛋糕，冷凍。
3. 脫模後，擠上已打發和上色的甜奶油作裝飾。

榴槤慕斯
海綿蛋糕
榴槤布丁

黑森林乳酪
Black Forest Cheese

材料

巧克力海綿蛋糕 1 片

黑巧克力奶油乳酪餡

- 奶油乳酪 40 克
- 黑巧克力（可可脂 60%）40 克
- 淡奶油 100 克
- 蛋黃 15 克
- 糖 15 克
- 牛奶 40 毫升
- 吉利丁片 2 克

櫻桃乳酪餡

- 奶油乳酪 150 克
- 糖 60 克
- 櫻桃醬 30 克
- 淡奶油 150 毫升
- 吉利丁片 2 克

作法

黑巧克力奶油乳酪餡

1. 淡奶油用打蛋器打發至軟雪糕狀備用。
2. 把巧克力隔水加熱攪至融化。
3. 把蛋黃和糖用打蛋器打至奶黃色，然後加入煮沸的牛奶，期間需不停攪拌，放入已浸軟及融化的吉利丁片拌勻。
4. 蛋漿過篩濾去粗粒，加入巧克力拌勻，最後拌入已打發的奶油拌勻。

櫻桃乳酪餡

1. 先把淡奶油打發至軟雪糕狀備用。
2. 把奶油乳酪和糖用打蛋器打至綿密。
3. 把櫻桃醬加入奶油乳酪餡內拌勻。
4. 加入已浸軟及融化的吉利丁片，快速攪勻。
5. 加入已打發的淡奶油拌勻。

組合及裝飾

1. 先倒入櫻桃乳酪餡料，放上巧克力海綿蛋糕，冷凍。
2. 再倒入黑巧克力奶油乳酪餡，然後放上巧克力碎和水果作裝飾。

Black Forest Cheese Cake

8 吋三角形模具 1 個
100 分鐘

材料

巧克力海綿蛋糕 1 片

黑巧克力奶油乳酪餡
- 奶油乳酪 40 克
- 黑巧克力（60%）40 克
- 淡奶油 100 克
- 蛋黃 15 克
- 糖 15 克
- 牛奶 40 毫升
- 吉利丁片 3 克

櫻桃乳酪餡
- 奶油乳酪 150 克
- 糖 60 克
- 櫻桃醬 30 克
- 淡奶油 150 克
- 吉利丁片 6 克

作法

黑巧克力奶油乳酪餡
1. 把淡奶油用打蛋器打發至軟雪糕狀備用。
2. 把巧克力隔水加熱攪至融化。
3. 把蛋黃和糖用打蛋器打至奶黃色，然後加入煮沸的牛奶，期間需不停攪拌，放入已浸軟及融化的吉利丁片拌勻。
4. 蛋漿過篩濾去粗粒，加入巧克力拌勻，最後拌入已打發的奶油拌勻。

櫻桃乳酪餡
1. 先把淡奶油用打蛋器打發至軟雪糕狀備用。
2. 把奶油乳酪和糖用打蛋器打至綿密。
3. 把櫻桃醬加入奶油乳酪餡內拌勻。
4. 加入已浸軟及融化的吉利丁片快速攪勻。
5. 加入已打發的淡奶油拌勻。

櫻桃乳酪餡
黑巧克力奶油乳酪餡
巧克力海綿蛋糕

組合及裝飾

1. 先倒入櫻桃乳酪餡料，冷凍，再倒入黑巧克力奶油乳酪餡，然後放上一片巧克力海綿蛋糕，刷上糖水，冷凍凝固。
2. 凝固後反轉脫模，鋪上巧克力碎和櫻桃作裝飾。

黑芝麻紐紋乳酪
Twisted Sesame Cheese

60 分鐘

● 材料

黑芝麻乳酪餡

奶油乳酪 180 克
糖 80 克
黑芝麻醬 35 克
淡奶油 375 克
吉利丁片 10 克

● 作法

黑芝麻乳酪餡

1 先把淡奶油用打蛋器打發至軟雪糕狀備用。
2 把奶油乳酪和糖用打蛋器打至綿密。
3 加入已浸軟及融化的吉利丁片快速攪勻，再加入已打發的淡奶油拌勻，分成兩份，一半放入黑芝麻醬拌勻。

● 組合及裝飾

1 擠花袋內一半放入黑芝麻乳酪餡，一半放入乳酪餡，擠入杯內，冰至凝固。
2 放上黑白芝麻作裝飾。

Oreo Sesame Cheese Cake

2.5 吋圓形模具 5 個
100 分鐘

材料

Oreo 餅皮

Oreo 巧克力味餅乾碎 60 克
無鹽奶油 30 克

黑芝麻乳酪餡

奶油乳酪 180 克
糖 80 克
黑芝麻醬 75 克
淡奶油 375 克
吉利丁片 15 克

作法

Oreo 餅皮

把 Oreo 巧克力味餅乾碎和已溶奶油拌勻，然後壓在餅圈內鋪平備用。

黑芝麻乳酪餡

1. 先把淡奶油用打蛋器打發至軟雪糕狀備用。
2. 把奶油乳酪和糖用打蛋器打至綿密。放入黑芝麻醬拌勻。
3. 加入已浸軟及融化的吉利丁片快速攪勻，再加入已打發的淡奶油拌勻。

組合及裝飾

1. 把 8 成黑芝麻乳酪餡倒入已有餅皮的餅模內鋪平，冷凍。
2. 脱模後，把剩餘的黑芝麻乳酪餡擠在面上作裝飾。
3. 蛋糕邊用巧克力圍邊，上面放覆盆子和薄荷葉。

黑芝麻乳酪餡

Oreo 餅皮

TIPS

黑芝麻醬可於大型超級市場或日式百貨店內購買。

椰林樹影
Coco Colada Mousse

90 分鐘

材料

海綿蛋糕 1 片

椰子慕斯

椰奶 300 克
淡奶油 200 克
蛋白 70 克
糖 90 克
水 30 克
椰絲 8 克
吉利丁片 10 克
椰子酒 10 克

鳳梨夾心

糖 20 克
奶油 10 克
鳳梨汁 20 克
鳳梨 8 粒

作法

椰子慕斯

1. 將淡奶油用打蛋器打發至軟雪糕狀備用。
2. 蛋白打發，將糖和水加熱至 120℃，慢慢倒進蛋白中高速攪拌至冷卻。
3. 椰奶和椰子酒加入作法 2 的混合液，然後加入已浸軟及融化的吉利丁片拌勻。
4. 拌入已打發的淡奶油和椰絲。

鳳梨夾心

1. 將糖煮溶，然後加入奶油和鳳梨汁拌勻。
2. 加入已切細鳳梨粒略煮，放涼備用。

組合及裝飾

1. 把椰子慕斯倒入杯內約 1/3 滿，放上鳳梨夾心。
2. 放上海綿蛋糕再倒入椰子慕斯，冷凍凝固。
3. 冷凍後放上水果作裝飾。

Coco Colada Mousse Cake

7 吋三角形模具 1 個
120 分鐘

材料

海綿蛋糕 1 片

椰子慕斯

- 椰奶 300 克
- 淡奶油 200 克
- 蛋白 70 克
- 糖 90 克
- 水 30 克
- 椰絲 8 克
- 吉利丁片 10 克
- 椰子酒 10 克

鳳梨夾心

- 糖 20 克
- 奶油 10 克
- 鳳梨汁 20 克
- 鳳梨 8 粒

作法

椰子慕斯

1. 將淡奶油用打蛋器打發至軟雪糕狀備用。
2. 蛋白打發，然後將糖和水加熱至 120℃，慢慢倒進蛋白中高速攪拌至冷卻。
3. 椰奶和椰子酒加入上述混合液中，然後加入已浸軟及融化的吉利丁片拌勻。
4. 拌入已打發的淡奶油和椰絲。

鳳梨夾心

1. 將糖煮溶，然後加入奶油和鳳梨汁拌勻。
2. 加入已切細鳳梨粒略煮，放涼備用。

組合及裝飾

1. 把海綿蛋糕放入模內，倒入一半椰子慕斯，冷凍。
2. 放入鳳梨夾心正中央，再倒入另一半椰子慕斯，抹平，冷凍凝固。
3. 脫模後撒上椰絲，放上水果作裝飾。

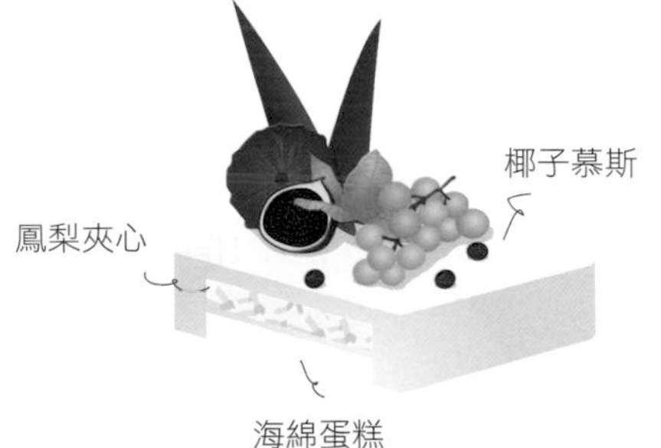

TIPS

鳳梨粒可選用罐頭鳳梨，味道更佳。

仲夏夜之夢
Midsummer Night's Dream

60 分鐘

材料

芒果、草莓、藍莓

白酒果凍

- 水 125 毫升
- 糖 45 克
- 吉利丁片 10 克
- 白酒 40 毫升

奶油乳酪餡

- 奶油乳酪 180 克
- 淡奶油 180 克
- 糖 80 克
- 吉利丁片 3 克、檸檬 1 個

作法

白酒果凍

將水和糖煮溶後放入已浸軟吉利丁片及白酒拌勻，放涼。

奶油乳酪餡

1 先把淡奶油用打蛋器打至軟雪糕狀備用。
2 把奶油乳酪和糖用打蛋器打至綿密，後加入檸檬皮碎拌勻。
3 加入已浸軟及融化的吉利丁片，快速攪勻。
4 分 2 次加入已打發的淡奶油拌勻。

組合及裝飾

1 把一半奶油乳酪餡擠入杯內，依個人喜好放入水果。
2 擠入剩餘的奶油乳酪餡，放入白酒果凍，冷凍。
3 放上喜愛水果作裝飾。

Midsummer Night's Dream Cake

7 吋方形模具 1 個
100 分鐘

白酒果凍
奶油乳酪餡
馬利餅皮

材料

馬利餅皮
- 馬利餅 90 克壓碎
- 無鹽奶油 45 克

奶油乳酪餡
- 奶油乳酪 180 克
- 淡奶油 180 克
- 糖 80 克
- 吉利丁片 10 克
- 檸檬 1 個

白酒果凍
- 水 125 毫升
- 糖 45 克
- 吉利丁片 15 克
- 白酒 40 毫升

作法

馬利餅皮

把馬利餅碎和已溶奶油拌勻，然後壓在餅圈內備用。

奶油乳酪餡

1. 先把淡奶油用打蛋器打至軟雪糕狀備用。
2. 把奶油乳酪和糖用打蛋器打至綿密，後加入檸檬皮碎拌勻。
3. 加入已浸軟及融化的吉利丁片，快速攪勻。
4. 分 2 次加入已打發的淡奶油拌勻。

白酒果凍

將水和糖煮溶後放入已浸軟吉利丁片及白酒拌勻，放涼。

組合及裝飾

1. 把餅皮壓在餅模內。
2. 然後倒入奶油乳酪餡，冷凍。
3. 放入喜愛水果，倒入一半果凍，冷凍；再倒入剩餘果凍。
4. 冷凍脫模後放上裝飾。

TIPS

1. 水果宜挑選含水分較少的種類。
2. 白酒果凍要放涼透才可加入白酒，以免影響味道。

伯爵紅茶慕斯
Earl Gray Tea Mousse

● 材料

覆盆子

伯爵紅茶慕斯

淡奶油 240 克
牛奶 80 毫升
牛奶巧克力 200 克
吉利丁片 7 克
伯爵紅茶茶包 5 包

● 作法

伯爵紅茶慕斯

1. 將伯爵紅茶包和牛奶一起煮滾，離火然後上蓋燜 15 分鐘。
2. 淡奶油用打蛋器打發至軟雪糕狀，備用。
3. 牛奶巧克力隔水加熱拌至融化，然後加入濾去茶包的伯爵紅茶奶糊，攪勻。
4. 加入已浸軟的吉利丁片拌至融化，最後加入已打發的淡奶油拌勻。

● 組合及裝飾

1. 伯爵紅茶慕斯放入冰庫至凝固。
2. 杯內放入食用鮮花然後用圓模吸出形狀放上。
3. 上層放上覆盆子泥和覆盆子作裝飾。

TIPS

巧克力伯爵紅茶奶糊要等到微溫，才可加入淡奶油，以免過熱而令淡奶油融化。

Earl Gray Tea Mousse Cake

6 吋圓形模具 1 個
120 分鐘

● 材料

海綿蛋糕 1 片

伯爵紅茶慕斯

淡奶油 240 克
牛奶 80 毫升
牛奶巧克力 200 克
吉利丁片 7 克
伯爵紅茶茶包 5 包

● 作法

伯爵紅茶慕斯

1. 伯爵紅茶包和牛奶一起煮滾，離火後上蓋燜 15 分鐘。
2. 淡奶油用打蛋器打發至軟雪糕狀備用。
3. 牛奶巧克力隔水加熱拌至融化，然後加入濾去茶包的伯爵紅茶奶糊，攪勻。
4. 加入已浸軟的吉利丁片拌勻至融化，最後加入已打發的淡奶油，拌勻。

● 組合及裝飾

1. 先倒入伯爵紅茶慕斯，放上海綿蛋糕，放入冰庫至凝固。
2. 脫模後噴上巧克力，放上巧克力花和覆盆子果泥作裝飾。

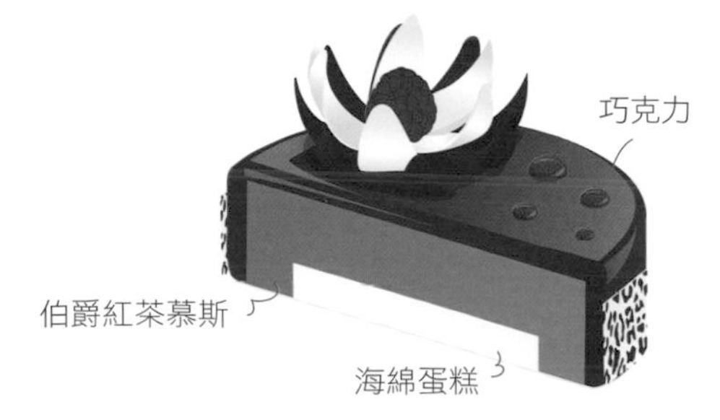

TIPS

巧克力伯爵紅茶奶糊要等至微溫，才可加入淡奶油，以免過熱而令淡奶油融化。

綠茶紅豆慕斯
Green Tea and Red Bean Mousse

60 分鐘

● 材料

綠茶紅豆慕斯

淡奶油 150 克
牛奶 150 克
糖 45 克
蛋黃 40 克
吉利丁片 6 克
綠茶粉 8 克
紅豆泥 40 克

● 作法

綠茶紅豆慕斯

1. 將綠茶粉和牛奶一起煮滾，濾去粗粒。
2. 淡奶油用打蛋器打發至軟雪糕狀備用。
3. 蛋黃和糖打至奶黃色，然後加入綠茶牛奶糊攪勻。
4. 把奶糊再放進鍋內煮滾，期間不停攪拌，然後加入已浸軟的吉利丁片攪拌放涼。
5. 加入已打發的淡奶油拌勻。

● 組合及裝飾

1. 倒入一半綠茶慕斯冷凍，然後拌入紅豆泥，再加入另一半綠茶慕斯，放入冰庫至凝固。
2. 放上紅豆泥和麻糬作裝飾。

Green Tea and Red Bean Mousse Cake

6 吋圓形模具 1 個
90 分鐘

● 材料

消化餅皮

消化餅 60 克、壓碎
無鹽奶油 30 克

綠茶紅豆慕斯

淡奶油 150 克
牛奶 150 克
糖 45 克
蛋黃 40 克
吉利丁片 10 克
綠茶粉 8 克
紅豆泥 40 克

● 作法

消化餅皮

把消化餅碎和已融奶油拌勻，然後壓在餅圈內備用。

綠茶紅豆慕斯

1 將綠茶粉和牛奶一起煮滾濾去粗粒。
2 淡奶油用打蛋器打發至軟雪糕狀備用。
3 蛋黃和糖打至奶黃色，然後加入綠茶奶奶糊攪勻。
4 把奶糊再放進鍋內煮滾，期間不停攪拌，然後加入已浸軟的吉利丁片攪拌，放涼。
5 加入已打發的淡奶油拌勻。

● 組合及裝飾

1 將消化餅皮壓在餅圈內抹平，倒入一半綠茶慕斯冷凍，然後拌入紅豆泥，再加入另一半綠茶慕斯，放入冰庫至凝固。
2 脫模後撒上綠茶粉，放上紅豆泥和巧克力作裝飾。

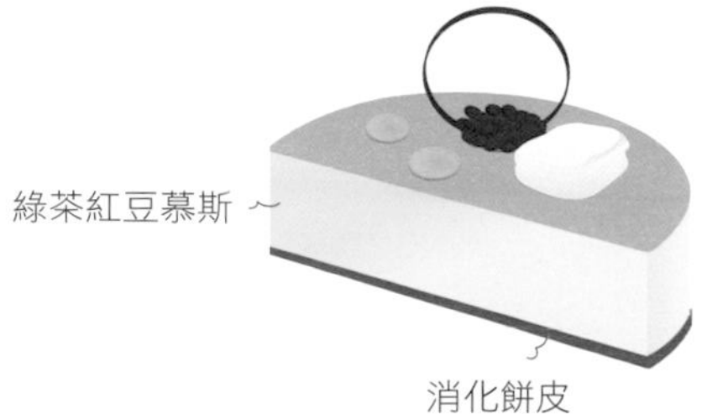

TIPS

撒上綠茶粉前可撒上一層糖霜，以免綠茶粉濕透。

草莓三重奏
Strawberry Trio

90 分鐘

材料

草莓奶油乳酪餡

奶油乳酪 90 克
淡奶油 90 克
糖 40 克
吉利丁片 4 克
草莓泥 25 克

草莓慕斯

草莓泥 80 克
糖 20 克
牛奶 30 克
淡奶油 80 克
吉利丁片 5 克

草莓鏡面

草莓泥 55 克
鏡面果凍 80 克
吉利丁片 5 克

作法

草莓奶油乳酪餡

1. 先把淡奶油用打蛋器打發至軟雪糕狀備用。
2. 奶油乳酪和糖用打蛋器慢速打至綿密，然後加入草莓泥拌勻。
3. 把已浸軟及融化的吉利丁片加入奶油乳酪餡快速拌勻，最後放入已打發的淡奶油。

草莓慕斯

1. 將糖和淡奶油用打蛋器打發至軟雪糕狀備用。
2. 將牛奶和草莓泥拌勻，加入已打發的淡奶油。
3. 把已浸軟及融化的吉利丁片加入快速攪勻。

草莓鏡面

1. 把草莓泥加入鏡面果凍攪勻。
2. 加入已浸軟及融化的吉利丁片拌勻。

組合及裝飾

1. 先倒入草莓奶油乳酪餡，放入冰庫至凝固。
2. 倒入草莓慕斯冰至凝固後加上草莓鏡面，冷凍後加上草莓和巧克力作裝飾。

Strawberry Trio-cake

材料

消化餅皮
- 消化餅（壓碎）60 克
- 無鹽奶油 30 克

草莓奶油乳酪餡
- 奶油乳酪 90 克
- 淡奶油 90 克
- 糖 40 克
- 吉利丁片 4 克
- 草莓泥 25 克

草莓慕斯
- 草莓泥 80 克
- 糖 20 克
- 牛奶 30 克
- 淡奶油 80 克
- 吉利丁片 6 克

草莓鏡面
- 草莓泥 55 克
- 鏡面果凍 80 克
- 吉利丁片 6 克

作法

消化餅皮

把消化餅碎和已融化奶油拌勻，然後壓在餅圈內備用。

草莓奶油乳酪餡

1. 先把淡奶油用打蛋器打發至軟雪糕狀備用。
2. 奶油乳酪和糖用打蛋器慢速打至綿密，然後加入草莓泥拌勻。
3. 把已浸軟及融化的吉利丁片加入奶油乳酪餡快速拌勻，最後放入已打發的淡奶油。

草莓慕斯

1. 將糖和淡奶油用打蛋器打發至軟雪糕狀備用。
2. 將牛奶和草莓泥拌勻，再加入已打發的淡奶油。
3. 把已浸軟及融化的吉利丁片加入快速攪勻。

草莓鏡面

1. 把草莓泥加入鏡面果凍攪勻。
2. 加入已浸軟及融化的吉利丁片拌勻。

組合及裝飾

1. 將消化餅皮壓在餅圈內抹平，倒入草莓奶油乳酪餡，冰至凝固。
2. 鋪上草莓慕斯冰至凝固後加上草莓鏡面，冷凍後脫模擠上金色鏡面果凍作裝飾。

韓式蜜瓜慕斯
Koreau Melon Mousse

● 材料

海綿蛋糕 1 片

哈蜜瓜慕斯

淡奶油 150 克
糖 60 克
吉利丁片 10 克
牛奶 30 毫升
哈蜜瓜泥 150 克

● 作法

哈蜜瓜慕斯

1 將糖和淡奶油用打蛋器打發至軟雪糕狀備用。
2 將牛奶和哈蜜瓜泥加入已打發的奶油拌勻。
3 加入已浸軟和融化的吉利丁片快速攪勻。

● 組合及裝飾

1 把哈蜜瓜慕斯倒入杯內約 1/3 滿，放上海綿蛋糕。
2 再倒入剩餘的哈蜜瓜慕斯約 9 成滿，冷凍凝固。
3 冷凍後放上半球形哈蜜瓜慕斯和銀箔作裝飾。

Melon Mousse Cake

材料

海綿蛋糕 1 片

哈蜜瓜雪糕

糖 90 克
蛋黃 60 克
牛奶 250 毫升
哈蜜瓜泥 180 克
淡奶油 130 克
哈蜜瓜香油 2 茶匙

作法

哈蜜瓜雪糕

1. 將蛋黃和糖用打蛋器打發至奶黃色。
2. 將牛奶煮滾，倒入作法 1 的蛋漿內不停攪拌至完全冷卻。
3. 倒入淡奶油、哈蜜瓜香油和哈蜜瓜泥拌勻。
4. 放入冰櫃冷凍，每隔半小時取出拌勻。
5. 重複拌勻和冷藏 10 次，製成哈蜜瓜雪糕。

組合及裝飾

海綿蛋糕放冰櫃冰硬，切粒，取一半哈蜜瓜雪糕拌勻，放入已切半挖去肉的哈蜜瓜內，放上剩餘雪糕和放上海綿蛋糕作裝飾。

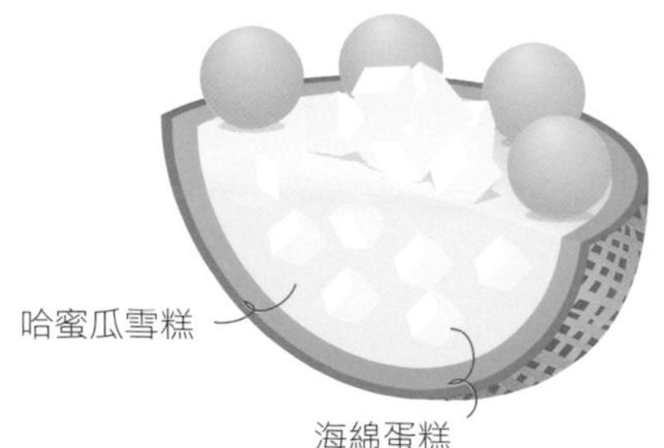

TIPS

如選用較熟的哈蜜瓜，雪糕會更加香甜。

韓風柚子乳酪
Korean Pomelo Cheese Mousse

90 分鐘

● 材料

海綿蛋糕 1 片

韓風柚子乳酪餡

白乳酪 160 克
糖 30 克
水 20 毫升
蛋黃 55 克
淡奶油 160 克
吉利丁片 6 克
柚子茶 45 克

● 作法

韓風柚子乳酪餡

1 先把淡奶油用打蛋器打發至軟雪糕狀備用。
2 把糖和水加熱至 118℃，然後倒進蛋黃內用打蛋器打至冷卻。
3 放入白乳酪內拌勻，加入柚子茶和已浸軟及融化的吉利丁片，最後放入已打發的淡奶油。

● 組合及裝飾

1 用膠片圍高杯子。
2 將一半柚子乳酪餡倒入，放上海綿蛋糕，放入冰庫至凝固。
3 重複以上步驟一次，再倒入另一半柚子乳酪餡。
4 放上香草作裝飾。

Korean Pomelo Cheese Cake

6 吋圓形模具 1 個
100 分鐘

柚子鏡面
柚子乳酪餡
消化餅皮

● 材料

消化餅皮
- 消化餅乾 60 克、壓碎
- 無鹽奶油 30 克

韓風柚子乳酪餡
- 白乳酪 160 克
- 糖 30 克
- 水 20 毫升
- 蛋黃 55 克
- 淡奶油 160 克
- 吉利丁片 8 克
- 柚子茶 45 克

柚子鏡面
- 芒果泥 40 克
- 柚子茶 30 克
- 鏡面果凍 100 克
- 吉利丁片 8 克

● 作法

餅皮

把消化餅碎和已融奶油拌勻，然後壓在餅圈內備用。

韓風柚子乳酪餡

1. 先把淡奶油用打蛋器打發至軟雪糕狀備用。
2. 把糖和水加熱至 118°C，然後倒進蛋黃內用打蛋器打至冷卻。
3. 放入白乳酪內拌勻，加入柚子茶和已浸軟及融化的吉利丁片，最後放入已打發的淡奶油。

柚子鏡面

把芒果泥、柚子茶和鏡面果凍攪勻，加入已浸軟及融化的吉利丁片拌勻。

● 組合及裝飾

1. 將消化餅皮壓在餅圈內抹平，倒入柚子乳酪餡，冰至凝固。
2. 凝固後，淋上柚子鏡面。
3. 脫模後放上巧克力片和放上水果作裝飾。

TIPS

蛋黃在加入糖水時要用打蛋器一邊攪拌，一邊放糖水，可避免蛋黃過熱而熟透。

低脂葡萄柚乳酪
Golden Grapefruit Cheese

● 材料

海綿蛋糕 1 片

葡萄柚乳酪餡

低脂奶油乳酪 120 克
淡奶油 120 克
糖 65 克
吉利丁片 5 克
葡萄柚汁 45 克
葡萄柚皮 1/2 個
葡萄柚肉 1 個

● 作法

葡萄柚乳酪餡

1. 先把淡奶油用打蛋器打發至軟雪糕狀備用。
2. 低脂奶油乳酪和糖用打蛋器打至綿密，加入葡萄柚汁和葡萄柚皮拌勻。
3. 加入已浸軟及融化的吉利丁片快速攪勻，分 2 次加入已打發的淡奶油拌勻。

● 組合及裝飾

1. 先把去皮葡萄柚肉放在杯邊，倒入葡萄柚乳酪餡料，放上海綿蛋糕，冷凍。
2. 再倒入葡萄柚乳酪餡料，然後倒入葡萄柚汁，放上水果作裝飾。

Golden Grapefruit Cheese Cake

6 吋圓形模具 1 個
100 分鐘

材料

消化餅皮
- 消化餅乾 60 克、壓碎
- 無鹽奶油 30 克

奶油乳酪餡
- 低脂奶油乳酪 120 克
- 淡奶油 120 克
- 糖 65 克
- 吉利丁片 10 克
- 葡萄柚汁 45 克
- 葡萄柚皮 1/4 個

金箔葡萄柚果凍
- 水 125 毫升
- 糖 25 克
- 吉利丁片 10 克
- 食用金箔少許
- 葡萄柚肉 1 個

作法

消化餅皮

拌勻消化餅碎和已融化奶油，然後壓在餅圈內，鋪平備用。

葡萄柚乳酪餡

1. 先把淡奶油用打蛋器打發至軟雪糕狀備用。
2. 低脂奶油乳酪和糖用打蛋器打至綿密，加入葡萄柚汁和葡萄柚皮拌勻。
3. 加入已浸軟及融化的吉利丁片快速攪勻，分 2 次加入已打發的淡奶油拌勻。

金箔葡萄柚果凍

將水和糖煮溶後，放入已浸軟吉利丁片拌勻，放涼備用。

組合及裝飾

1. 先把消化餅皮壓在餅模內，然後倒入低脂奶油乳酪餡，冷凍。
2. 放入葡萄柚肉和食用金箔，倒入一半果凍，冷凍，再倒入剩餘果凍。
3. 冷凍後放上香草作裝飾。

TIPS

在葡萄柚肉加入果凍液前，先倒入少量果凍液，等果凍凝固、葡萄柚肉的位置固定後才倒入其餘果凍，可避免葡萄柚肉隨著果凍浮起移位。

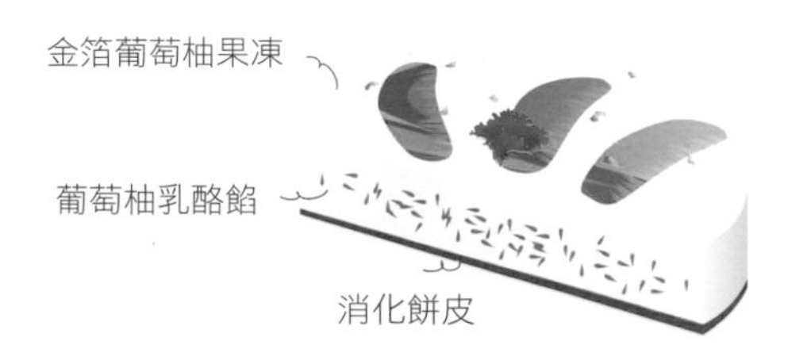

火辣巧克力慕斯
Spicy Chocolate Mousse

● 材料

巧克力海綿蛋糕 1 片

辣椒巧克力慕斯

淡奶油 70 克
黑巧克力（可可脂 60%）100 克
淡奶油 200 克
吉利丁片 2 克
紅辣椒 7 條
青辣椒 1 條

● 作法

辣椒巧克力慕斯

1 把 200 克淡奶油用打蛋器打發至軟雪糕狀備用。
2 將紅辣椒和青辣椒切片，然後煮滾 70 克淡奶油，加入辣椒片，熄火加蓋燜 20 分鐘，待辣椒出味。
3 用篩濾去辣椒，倒出 50 毫升辣椒奶油，加入黑巧克力隔水加熱攪至融化，並放入已浸軟及融化的吉利丁片拌勻。
4 把少許已撈出的辣椒切碎，加入辣椒混合物內，並分 2 次拌入已打發的淡奶油，拌勻備用。

● 組合及裝飾

1 把辣椒巧克力慕斯餡擠入杯內約 1/3 滿，放上巧克力海綿蛋糕。
2 擠入約 9 成滿餡料，放入冰庫至凝固。
3 放上奶油，辣椒和巧克力棒作裝飾。

Spicy Chocolate Mousse Cake

5 吋圓形模具 6 個
150 分鐘

材料

巧克力海綿蛋糕 2 片

辣椒巧克力慕斯

- 淡奶油 70 克
- 黑巧克力（60%）100 克
- 淡奶油 200 克
- 吉利丁片 5 克
- 紅辣椒 7 條
- 青辣椒 1 條

作法

辣椒巧克力慕斯

1. 把 200 克淡奶油用打蛋器打發至軟雪糕狀備用。
2. 將紅辣椒和青辣椒切片，然後煮滾 70 克淡奶油，加入辣椒片，熄火加蓋燜 30 分鐘，待辣椒出味。
3. 用篩濾去辣椒，倒出 50 克辣椒奶油，加入黑巧克力隔水加熱攪至融化，並放入已浸軟及融化的吉利丁片拌勻。
4. 把少許已撈出的辣椒切碎，加入辣椒混合物內，並分 2 次拌入已打發的淡奶油，拌勻備用。

組合及裝飾

1. 把辣椒巧克力慕斯餡擠入模內約 1/3 滿，放上一片巧克力海綿蛋糕。
2. 擠入約 9 成滿餡料，放上巧克力海綿蛋糕，放入冰庫至凝固。
3. 脫模後噴上巧克力粉，放上辣椒作裝飾。

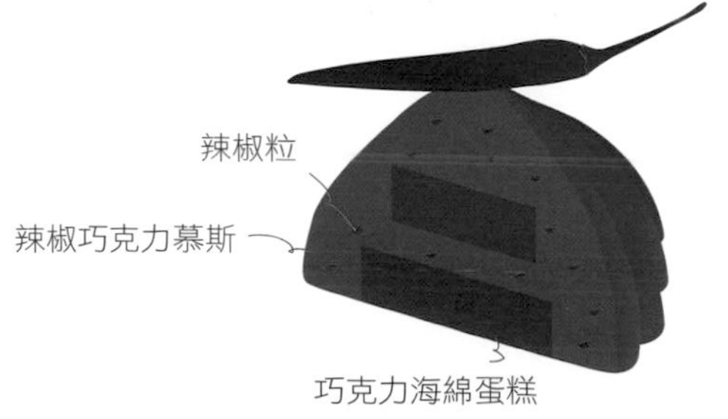

TIPS

可隨個人喜好加入辣椒碎的份量。

白之戀人
White Lovers

90 分鐘

材料

海綿蛋糕 1 片
覆盆子果泥

覆盆子白巧克力慕斯

- 淡奶油 150 克
- 淡奶油 30 克
- 白巧克力 60 克
- 吉利丁片 2 克
- 香檳 25 毫升
- 覆盆子 14 粒

香檳果凍

- 水 100 毫升
- 糖 25 克
- 吉利丁片 5 克
- 香檳 35 毫升

作法

覆盆子白巧克力慕斯

1. 用打蛋器把 150 克淡奶油打至軟雪糕狀，備用。
2. 煮熱 30 克淡奶油，倒入已切碎的白巧克力內攪至融化，然後加入已浸軟的吉利丁片以及香檳拌勻。
3. 拌入已打發的淡奶油。

香檳果凍

浸軟吉利丁片，然後把水和糖煮融，再放入已浸軟吉利丁片，放涼，最後加入香檳備用。

組合及裝飾

1. 把白巧克力慕斯餡擠入杯內約 1/3 滿，放上 1 粒覆盆子。
2. 放入白巧克力慕斯，放上海綿蛋糕。
3. 擠入白巧克力慕斯，放入冰庫至凝固，然後倒入香檳果凍，放上巧克力作裝飾。

"White Lovers" Mousse Cake

6 吋圓形模具 1 個
120 分鐘

材料

海綿蛋糕 1 片

覆盆子白巧克力慕斯

- 淡奶油 150 克
- 淡奶油 30 克
- 白巧克力 60 克
- 吉利丁片 6 克
- 香檳 25 毫升
- 覆盆子 14 粒

香檳果凍

- 水 100 毫升
- 糖 25 克
- 吉利丁片 10 克
- 香檳 35 毫升

作法

覆盆子白巧克力慕斯

1. 用打蛋器把 150 克淡奶油打至軟雪糕狀，備用。
2. 煮熱 30 克淡奶油，倒入已切碎的白巧克力內攪至融化，然後加入已浸軟的吉利丁片以及香檳拌勻。
3. 拌入已打發的奶油以及已切碎覆盆子粒。

香檳果凍

浸軟吉利丁片，然後把水和糖煮融，再放入已浸軟吉利丁片，放涼，最後加入香檳備用。

組合及裝飾

1. 放一片蛋糕於模內，倒入覆盆子白巧克力慕斯抹平冷凍凝固。
2. 刮出 8 個直徑約 2 公分小的半球形慕斯，在每個洞內放入 1 粒覆盆子，然後倒入少許香檳果凍，冷凍，再倒入剩餘的果凍。
3. 冷凍脫模後放上巧克力作裝飾。

香檳果凍
覆盆子白巧克力慕斯
切粒覆盆子
海綿蛋糕

TIPS

製造香檳果凍時，預先倒入少許香檳果凍液，等冷凍凝固後才倒入剩餘份量，避免一次過量倒入時，覆盆子會浮起，影響視覺效果。

巧克力狂想曲
Chocolate Ecstasy

● 材料

巧克力海綿蛋糕 1 片

巧克力脆脆底
- 黑巧克力 40 克
- 薄脆片 70 克

黑巧克力慕斯
- 淡奶油 100 克
- 淡奶油 50 克
- 黑巧克力 100 克
- 吉利丁片 1 克

牛奶巧克力慕斯
- 淡奶油 100 克
- 蛋黃 40 克
- 糖 20 克
- 牛奶巧克力 70 克
- 吉利丁片 3 克

巧克力鏡面
- 淡奶油 60 克
- 水 70 克
- 糖 80 克
- 可可粉 30 克
- 吉利丁片 5 克

● 作法

巧克力脆脆底

將黑巧克力以隔水加熱，加入薄脆片即成。

黑巧克力慕斯

1 把 100 克淡奶油用打蛋器打發至軟雪糕狀。
2 把 50 克淡奶油煮熱後倒入黑巧克力攪至融化，然後放入已浸軟的吉利丁片拌勻。
3 分 2 次拌入已打發的淡奶油，拌勻後備用。

牛奶巧克力慕斯

1 把 100 克淡奶油用打蛋器打發至軟雪糕狀。
2 把牛奶巧克力隔水加熱攪至融化，加入已打發的淡奶油。
3 把糖和蛋黃用打蛋器打至奶黃色，期間需隔水加熱攪拌約半分鐘。
4 把作法 2 的混合物加入，拌勻後加入已浸軟及融化的吉利丁片拌勻。

巧克力鏡面

1 先將水、淡奶油和糖煮滾，之後加入可可粉攪勻。
2 加入已浸軟的吉利丁片，期間需不停攪拌，約 30 秒左右或煮至約 102℃，離火，濾去粗粒，放涼備用。

● 組合及裝飾

1 把黑巧克力慕斯餡倒入杯內，放入蛋糕，加入牛奶巧克力慕斯。
2 加入巧克力脆脆底，然後重複以上步驟一次，冷凍。
3 最後淋上已放涼的巧克力鏡面，放上水果和巧克力作裝飾。

Chocolate Ecstasy Mousse Cake

6吋圓形模具 1 個
100 分鐘

黑巧克力慕斯
巧克力鏡面
牛奶巧克力慕斯
巧克力脆脆底

組合及裝飾

1. 把黑巧克力慕斯餡倒入已有脆底的餅模內，冷凍。
2. 加入牛奶巧克力慕斯，冷凍，最後淋上已放涼的巧克力鏡面冰至凝固。脱模後放上巧克力作裝飾。

材料

巧克力脆脆底

黑巧克力 40 克
薄脆片 70 克

黑巧克力慕斯

淡奶油 100 克
淡奶油 50 克
黑巧克力 100 克
吉利丁片 2 克

牛奶巧克力慕斯

淡奶油 100 克
蛋黃 40 克
糖 20 克
牛奶巧克力 70 克
吉利丁片 5 克

巧克力鏡面

淡奶油 60 克
水 70 克
糖 80 克
可可粉 30 克
吉利丁片 5 克

作法

巧克力脆脆底

將黑巧克力以熱水溶化，加入薄脆片即成。

黑巧克力慕斯

1. 把 100 克淡奶油用打蛋器打發至軟雪糕狀。
2. 把 50 克淡奶油煮熱後倒入黑巧克力攪至融化，然後放入已浸軟的吉利丁片拌勻。
3. 分 2 次拌入已打發的淡奶油，拌勻後備用。

牛奶巧克力慕斯

1. 把 100 克淡奶油用打蛋器打發至軟雪糕狀。
2. 把牛奶巧克力隔水加熱攪至融化，加入已打發的淡奶油。
3. 把糖和蛋黃用打蛋器打至奶黃色，期間需隔水加熱不停攪拌半分鐘。
4. 把作法 2 的混合物加入，拌勻後加入已浸軟及融化的吉利丁片拌勻。

巧克力鏡面

1. 先將水、淡奶油和糖煮滾，之後加入可可粉攪勻。
2. 加入已浸軟的吉利丁片，期間需不停攪拌，約 30 秒左右或煮至約 102℃，離火，濾去粗粒，放涼備用。

莫加巧克力慕斯
Mocha Chocolate Mousse

90 分鐘

材料

巧克力海綿蛋糕

黑巧克力慕斯

淡奶油 100 克
淡奶油 25 克
黑巧克力（可可脂 58%）50 克
吉利丁片 1 克

咖啡慕斯

淡奶油 240 克
蛋黃 80 克
糖 60 克
牛奶 60 克
咖啡粉 12 克
蘭姆酒 10 毫升
吉利丁片 6 克

咖啡果凍

水 125 毫升
糖 50 克
咖啡粉 2 克
Kahlua 咖啡酒 10 毫升
吉利丁片 8 克

作法

黑巧克力慕斯

1. 把 100 克淡奶油用打蛋器打發至軟雪糕狀。
2. 煮熱 25 克淡奶油，倒入黑巧克力攪至融化，然後放入已浸軟的吉利丁片拌勻。
3. 加入已打發的淡奶油，拌勻後備用。

咖啡慕斯

1. 把 240 克淡奶油用打蛋器打發至軟雪糕狀。
2. 把糖和蛋黃用打蛋器打至奶黃色。
3. 煮熱牛奶和咖啡粉，加入上述混合液中，用打蛋器快速攪勻，隔水加熱不停攪拌半分鐘左右，令蛋漿的溫度達至 80℃，離火，攪拌降溫，加入蘭姆酒以及已浸軟和融化的吉利丁片拌勻，最後加入已打發的淡奶油。

咖啡果凍

浸軟吉利丁片，然後加入水、糖和咖啡粉一起煮滾，放涼後加入咖啡酒，拌勻備用。

組合及裝飾

1. 把巧克力慕斯餡擠入杯內，放入咖啡果凍，冷凍。
2. 放上巧克力海綿蛋糕，倒入咖啡慕斯冷凍凝固，放上奶油和巧克力作裝飾。

Mocha Chocolate Mousse Cake

2吋正方形模具 6 個
100 分鐘

材料

Oreo 餅皮
- Oreo 巧克力餅乾
- 餅乾 60 克、壓碎
- 無鹽奶油 30 克

黑巧克力慕斯
- 淡奶油 100 克
- 淡奶油 25 克
- 黑巧克力（58%）50 克
- 吉利丁片 2 克

咖啡慕斯
- 淡奶油 240 克
- 蛋黃 80 克
- 糖 60 克
- 牛奶 60 克
- 咖啡粉 12 克
- 蘭姆酒 10 毫升
- 吉利丁片 12 克

咖啡果凍
- 水 125 毫升
- 糖 50 克
- 咖啡粉 2 克
- Kahlua 咖啡酒 10 毫升
- 吉利丁片 10 克

作法

Oreo 餅皮

把 Oreo 巧克力味餅碎和已溶奶油拌勻，然後壓在餅圈內鋪平備用。

黑巧克力慕斯

1. 把 100 克淡奶油用打蛋器打發至軟雪糕狀。
2. 煮熱 25 克淡奶油，倒入黑巧克力攪至溶，拌入已浸軟的吉利丁片。
3. 加入已打發的淡奶油，拌勻後備用。

咖啡慕斯

1. 把 240 克淡奶油用打蛋器打發至軟雪糕狀。
2. 把糖和蛋黃用打蛋器打至奶黃色。
3. 煮熱牛奶和咖啡粉，加入上述混合液裡，用打蛋器快速攪勻，隔水加熱不停攪拌半分鐘左右，令蛋漿的溫度達至 80℃，離火，攪拌降溫，加入蘭姆酒以及已浸軟和融化的吉利丁片拌勻，最後加入已打發的淡奶油。

咖啡果凍

浸軟吉利丁片，然後加入水、糖和咖啡粉一起煮滾，放涼後加入咖啡酒，拌勻備用。

咖啡果凍
咖啡慕斯
黑巧克力慕斯
Oreo 餅皮

組合及裝飾

1. 把巧克力慕斯餡倒入已鋪有 Oreo 餅皮的餅模內，冷凍。
2. 倒入咖啡果凍冷凍凝固，再倒入咖啡慕斯抹平冷凍凝固。脫模後把剩餘的咖啡慕斯擠在蛋糕面，放上巧克力網作裝飾。

焦糖巧克力慕斯
Caramel Chocolate Mousse

材料

巧克力海綿蛋糕

黑巧克力慕斯

- 淡奶油 100 毫升
- 淡奶油 50 毫升
- 黑巧克力 100 克
- 吉利丁片 1 克

焦糖慕斯

- 淡奶油（A）120 毫升
- 奶油 30 克
- 糖 105 克
- 淡奶油（B）120 毫升
- 吉利丁片 8 克

作法

黑巧克力慕斯

1. 把 100 毫升淡奶油用打蛋器打發至軟雪糕狀。
2. 把 50 毫升淡奶油煮熱後倒入黑巧克力攪至融化，然後放入已浸軟的吉利丁片拌勻。
3. 分 2 次拌入已打發的淡奶油，拌勻後備用。

焦糖慕斯

1. 把 120 毫升淡奶油（A）打蛋器打發至軟雪糕狀備用。
2. 把另外 120 毫升淡奶油（B）煮熱。
3. 把糖放入鍋中煮成焦糖，分數次加入已煮熱的淡奶油攪拌至完全混合。
4. 離火後加入奶油和已浸軟的吉利丁片拌勻，放涼，再分 2 次加入已打發的淡奶油拌勻。

組合及裝飾

1. 把巧克力慕斯餡擠入杯內約 1/3 滿，放上巧克力海綿蛋糕。
2. 擠入焦糖慕斯約 9 成滿餡料，放入冰庫至凝固。
3. 放上焦糖絲作裝飾。

Caramel Chocolate Mousse Cake

材料

香橙巧克力脆脆底

- 黑巧克力（58%）40 克
- 薄脆片 75 克
- 榛果醬 120 克
- 柳橙 1 個

黑巧克力慕斯

- 淡奶油 100 毫升
- 淡奶油 50 毫升
- 黑巧克力 100 克
- 吉利丁片 2 克

焦糖慕斯

- 淡奶油（A）120 毫升
- 奶油 30 克
- 糖 105 克
- 淡奶油（B）120 毫升
- 吉利丁片 8 克

作法

香橙巧克力脆脆底

以隔水加熱巧克力，然後加入榛果醬與薄脆片拌勻，最後加入柳橙。

黑巧克力慕斯

1. 把 100 毫升淡奶油用打蛋器打發至軟雪糕狀。
2. 把 50 毫升淡奶油煮熱後倒入黑巧克力攪至融化，然後放入已浸軟的吉利丁片拌勻。
3. 分 2 次拌入已打發的淡奶油，拌勻後備用。

焦糖慕斯

1. 把 120 毫升淡奶油（A）打蛋器打發至軟雪糕狀備用。
2. 把另外 120 毫升淡奶油（B）煮熱。
3. 把糖放入煲中煮成焦糖，分數次加入已煮熱的淡奶油攪拌至完全混合。焦糖煮至大概金黃色就要快速加入淡奶油攪勻，以免焦糖過熱變黑，影響味道。
4. 離火後加入奶油和已浸軟的吉利丁片拌勻，放涼，再分 2 次加入已打發的淡奶油拌勻。

組合及裝飾

1. 把香橙巧克力脆底抹平在餅模內，擠入黑巧克力慕斯至 5 成滿，冷凍。
2. 擠入焦糖慕斯，抹平冷凍。脫模後放上覆盆子和糖片作裝飾。

香梨巧克力慕斯
Pear Chocolate Mousse

材料

糖水浸香梨

- 水 500 毫升
- 糖 200 克
- 肉桂條 1 條
- 橙皮 1 個
- 檸檬皮 1 個
- 西洋梨 2 個

香梨巧克力慕斯

- 黑巧克力（可可脂 58%）150 克
- 淡奶油 200 毫升
- 蛋黃 30 克
- 糖 30 克
- 牛奶 80 毫升
- 糖水香梨 1/4 個
- 吉利丁片 5 克

組合及裝飾

1 放入香梨在杯內，擠入巧克力慕斯，冷凍凝固。
2 放上水果作裝飾。

作法

糖水浸香梨

1 除西洋梨外，所有材料放鍋內煮滾。
2 西洋梨去皮，切半去核，放進鍋內浸 1 日，待西洋梨吸收糖水備用。

香梨巧克力慕斯

1 把 200 毫升淡奶油用打蛋器打發至軟雪糕狀備用。
2 把黑巧克力隔水加熱攪至融化。
3 把蛋黃和糖用打蛋器打至奶黃色，然後加入煮沸的牛奶攪勻，把奶糊再放進煲滾，期間不停攪拌。放入已浸軟及融化的吉利丁片拌勻。
4 蛋漿濾去粗粒，加入黑巧克力拌勻，拌入已打發的淡奶油。

Pear Chocolate Mousse Cake

7 吋三角形模具 1 個
90 分鐘

● 材料

巧克力脆脆底
- 牛奶巧克力 30 克
- 薄脆片 60 克
- 榛果醬 80 克

糖水浸香梨
- 水 500 毫升
- 糖 200 克
- 肉桂條 1 條
- 橙皮 1/4 個
- 檸檬皮 1/4 個
- 西洋梨 1 個

香梨巧克力慕斯
- 淡奶油 200 毫升
- 蛋黃 30 克
- 糖 30 克
- 黑巧克力（58%）150 克
- 牛奶 80 毫升
- 糖水香梨 1/4 個
- 吉利丁片 5 克

● 作法

巧克力脆脆底

把牛奶巧克力隔水加熱拌至融化，然後加入榛果醬與薄脆片拌勻。

糖水浸香梨

1. 除西洋梨外，所有材料放鍋內煮滾。
2. 西洋梨去皮，切半去核，放進鍋內浸 1 日，待西洋梨吸收糖水備用。

香梨巧克力慕斯

1. 把 200 毫升淡奶油用打蛋器打發至軟雪糕狀備用。
2. 把黑巧克力隔水加熱攪至融化。
3. 把蛋黃和糖用打蛋器打至奶黃色，然後加煮沸的奶油攪勻，把奶糊再放進鍋中滾，期間不停攪拌。放入已浸軟及融化的吉利丁片拌勻。
4. 蛋漿濾去粗粒，加入黑巧克力拌勻，拌入已打發的淡奶油，最後加入切粒糖水香梨拌勻。

● 組合及裝飾

1. 將巧克力脆脆底壓在餅圈內抹平，倒入香梨巧克力慕斯，抹平冷凍。
2. 凝固後脫模，放上切片西洋梨和巧克力圍邊作裝飾。

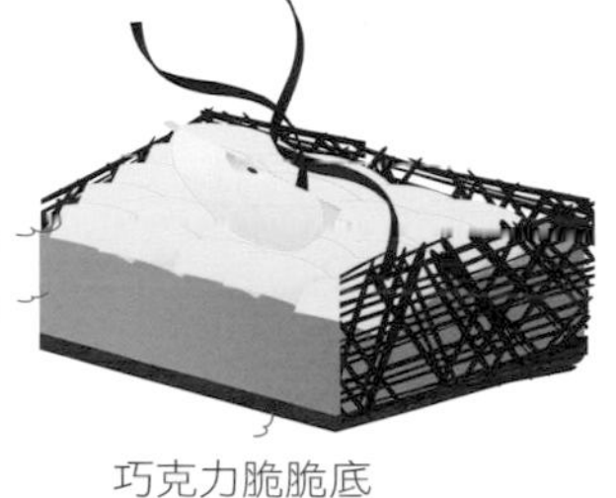

TIPS

選擇西洋梨是因它比其他梨更容易吸收糖水香味。

百利甜酒巧克力慕斯
Baileys Chocolate Mousse

材料

巧克力軟心奶凍
- 糖 15 克
- 吉利丁片 6 克
- 淡奶油 75 毫升
- 牛奶 50 毫升
- 可可粉 8 克

百利甜酒慕斯
- 淡奶油 160 毫升
- 牛奶 40 毫升
- 糖 40 克
- 蛋黃 60 克
- 吉利丁片 8 克
- 百利甜酒 40 毫升

作法

巧克力軟心奶凍

1. 將牛奶、可可粉和糖煮熱後加入已浸軟的吉利丁片拌勻，放涼。
2. 加入淡奶油拌勻，倒入 5 吋圓形模內，放入冰庫至凝固備用。

百利甜酒慕斯

1. 將淡奶油打發至軟雪糕狀。
2. 把糖和蛋黃用打蛋器打至奶黃色。
3. 煮熱牛奶，加到上述混合物裡，用打蛋器快速攪勻，隔水加熱不停攪拌半分鐘左右，令蛋漿達至 80℃，離火，攪拌降溫，加入百利甜酒拌勻，再加入已浸軟和融化的吉利丁片拌勻，最後加入已打發的淡奶油。

組合及裝飾

1. 把百利甜酒慕斯擠入杯內約 1/2 滿，放入冰庫至凝固。
2. 擠入巧克力軟心奶凍，放入冰庫至凝固，放上奶泡作裝飾。

Baileys Chocolate Mousse Cake

5 吋圓形模具 1 個
150 分鐘

材料

巧克力海綿蛋糕 1 片

巧克力軟心奶凍
- 糖 15 克
- 吉利丁片 8 克
- 淡奶油 75 毫升
- 牛奶 50 毫升
- 可可粉 8 克

百利甜酒慕斯
- 淡奶油 160 毫升
- 牛奶 40 毫升
- 糖 40 克
- 蛋黃 60 克
- 吉利丁片 12 克
- 百利甜酒 40 毫升

作法

巧克力軟心奶凍

1. 將牛奶、可可粉和糖煮熱後加入已浸軟的吉利丁片拌勻，放涼。
2. 加入淡奶油拌勻，倒入 5 吋圓形模內，放入冰庫至凝固備用。

百利甜酒慕斯

1. 將淡奶油打發至軟雪糕狀。
2. 把糖和蛋黃用打蛋器打至奶黃色。
3. 煮熱牛奶，加到上述混合物裡，用打蛋器快速攪勻，隔水加熱不停攪拌半分鐘左右，令蛋漿達至 80℃，離火，攪拌降溫，加入百利甜酒拌勻，加入已浸軟和融化的吉利丁片拌勻，最後加入已打發的淡奶油。

組合及裝飾

1. 把一半百利甜酒慕斯倒入模內，然後放入已凝固脫模的巧克力軟心奶凍。
2. 再倒入其餘的百利甜酒慕斯，放入巧克力海綿蛋糕，放入冰庫至凝固。
3. 反轉脫模後抹上鏡面果凍和巧克力醬，放上巧克力球和巧克力作裝飾。

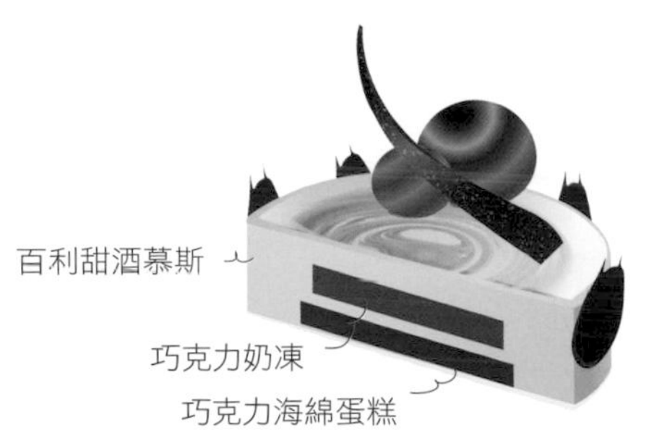

香氛幻想甜品

綜合水果薑茶慕斯蛋糕

Mixed Fruits and Ginger Tea Mousse Cake

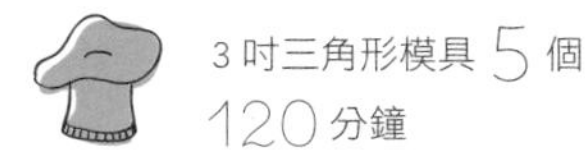

材料

馬利餅皮

- 馬利餅 60 克、壓碎
- 無鹽奶油 30 克

綜合水果薑茶慕斯

- 橙花蜜 35 克
- 淡奶油 150 克
- 綜合水果薑茶 30 克
- 水（A）80 毫升
- 蛋黃 60 克
- 糖 25 克
- 水（B）8 毫升
- 吉利丁片 12 克

作法

綜合水果薑茶慕斯

1. 淡奶油打發至軟雪糕狀備用。
2. 將綜合水果薑茶和 80 毫升水煮滾，離火上蓋燜 10 分鐘，濾去綜合水果薑茶。
3. 將蛋黃打至淡黃色，然後將糖及 8 毫升水煮至 120℃，倒進蛋黃內以高速打至冷卻，加入橙花蜜和綜合水果薑茶水拌勻。
4. 加入已浸軟及融化的吉利丁片快速攪勻。
5. 最後加入已打發的淡奶油，拌勻冷凍。

組合及裝飾

1. 把馬利餅皮壓在模內。
2. 擠入綜合水果薑茶慕斯，抹平，放入冰庫至凝固。
3. 脫模後噴上巧克力和放上馬卡龍作裝飾。

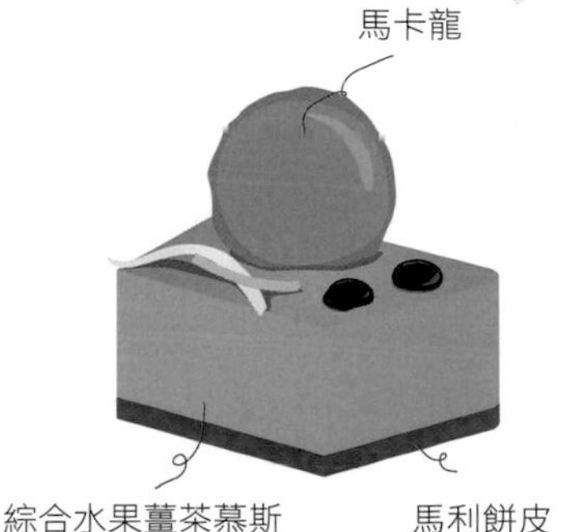

白衣天使
White Angel

材料

海綿蛋糕 1 片

薰衣草白巧克力慕斯

- 淡奶油 50 克
- 白巧克力 100 克
- 薰衣草 5 克
- 吉利丁片 5 克
- 淡奶油 200 克

薰衣草奶凍

- 糖 15 克
- 吉利丁片 7 克
- 淡奶油 60 克
- 牛奶 60 克
- 薰衣草 2 克

作法

薰衣草白巧克力慕斯

1. 煮熱 50 克淡奶油和薰衣草，離火蓋上蓋燜 30 分鐘。
2. 把 200 克淡奶油用打蛋器打發至軟雪糕狀。
3. 把作法 1 的混合液濾去薰衣草，倒入白巧克力內，隔水攪拌至融化，然後加入已浸軟的吉利丁片拌勻。
4. 加入已打發的淡奶油。

薰衣草奶凍

1. 煮熱淡奶油和薰衣草，離火蓋上蓋燜 30 分鐘。
2. 將牛奶、糖和已浸軟的吉利丁片煮至融化，放入薰衣草奶油內拌勻。
3. 濾去薰衣草，倒入細模內，放入冰庫至凝固。

組合及裝飾

1. 把薰衣草白巧克力慕斯擠入模內約 1/3 滿，放上薰衣草奶凍。
2. 再擠入餡料約 9 成滿，放上海綿蛋糕，放入冰庫至凝固。
3. 脫模後噴上巧克力，放上拉糖和馬卡龍作裝飾。

TIPS

蛋糕要冷凍凝固後脫模，然後再冷凍，才可噴上巧克力。

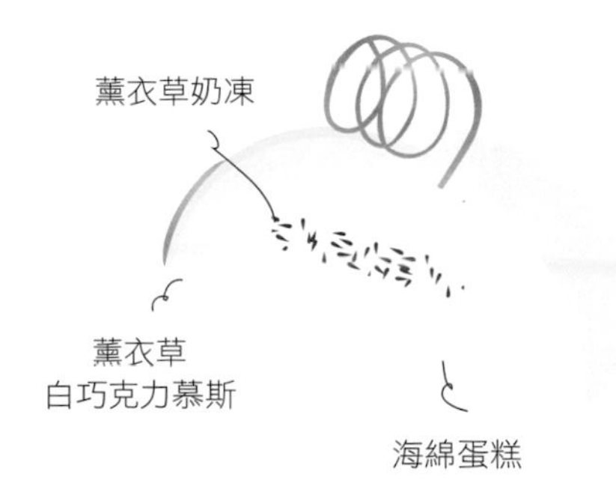

芒果王子
Prince Mango

材料

海綿蛋糕 1 片

芒果慕斯

- 淡奶油 75 毫升
- 糖 20 克
- 吉利丁片 4 克
- 牛奶 20 毫升
- 芒果泥 75 克

芒果奶油乳酪餡

- 奶油乳酪 60 克
- 淡奶油 85 毫升
- 糖 25 克
- 吉利丁片 4 克
- 芒果泥 20 克

芒果布丁

- 淡奶油 7 克
- 煉乳 8 克
- 椰奶 8 克
- 芒果泥 35 克
- 糖 15 克
- 水 35 毫升
- 吉利丁片 4 克
- 芒果粒 1/4 個

芒果鏡面

- 芒果泥 110 克
- 鏡面果凍 160 克
- 吉利丁片 14 克

作法

芒果慕斯

1. 將糖和奶油用打蛋器打發至軟雪糕狀備用。
2. 將牛奶和芒果泥加入已打發的奶油拌勻。
3. 加入已浸軟和融化的吉利丁片快速攪勻。

芒果奶油乳酪餡

1. 先把淡奶油用打蛋器打發至軟雪糕狀備用。
2. 奶油乳酪和糖用打蛋器慢速打至綿密，然後加入芒果泥拌勻。
3. 把已浸軟及融化的吉利丁片加入奶油乳酪餡快速拌勻，再放入已打發的淡奶油。

芒果布丁

1. 糖和水煮滾，然後加入已浸軟的吉利丁片。
2. 加入淡奶油、煉乳、椰奶、芒果泥和芒果粒拌勻。
3. 倒入已預備好的 5 吋圓模內冷凍。

芒果鏡面

芒果泥加入鏡面果凍攪勻，再放入已融化的吉利丁片，隔出粗粒即成。

組合及裝飾

把芒果慕斯倒進已鋪有海綿蛋糕的蛋糕模內冷凍，放入已冰硬的芒果布丁在蛋糕的正中心，再加入芒果奶油乳酪餡抹平。脫模後淋上芒果鏡面，然後用馬卡龍及巧克力作裝飾。

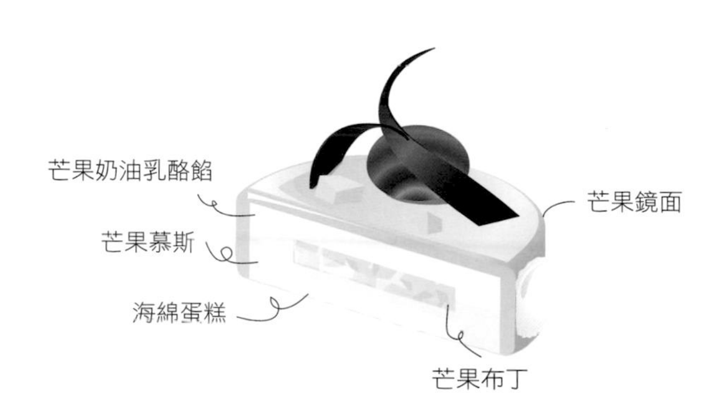

草莓義大利乳酪蛋糕

Italian Strawberry Cheese Cake

6 吋圓形模具 1 個
120 分鐘

● 材料

手指餅 10 條

草莓義大利乳酪餡
- 淡奶油 200 克
- 馬斯卡邦乳酪 250 克
- 草莓泥 40 克
- 糖 40 克
- 吉利丁片 10 克

草莓醬
- 草莓泥 80 克
- 水 60 克
- 糖 30 克

● 作法

草莓義大利乳酪餡
1. 把淡奶油用打蛋器打至軟雪糕狀備用。
2. 把馬斯卡邦乳酪和糖拌至綿密，慢慢加入草莓泥拌勻。
3. 把已浸軟及融化的吉利丁片加入奶油乳酪餡快速拌勻，再放入已打發的淡奶油。

草莓醬
將水和糖煮溶後加入草莓泥拌勻。

● 組合及裝飾

1. 手指餅浸在草莓醬中，然後排放在蛋糕模內。
2. 倒入一層乳酪餡料，再把已沾濕的手指餅均勻排上。
3. 再倒入另一層乳酪餡料，鋪平放冰箱內冰至凝固。
4. 脫模後噴上巧克力，放上草莓和馬卡龍作裝飾。

TIPS

1. 馬斯卡邦乳酪不能在室溫放太久，否則會影響口感。
2. 如選擇噴巧克力作裝飾，蛋糕需要放冰箱凝固，才噴巧克力，效果更佳。裝飾後則毋須再放冰箱。

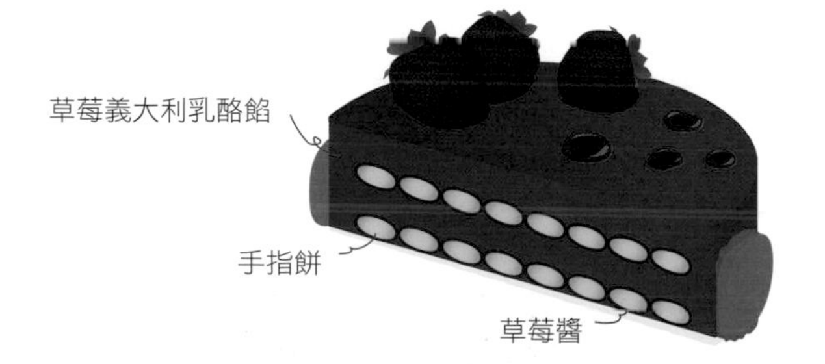

青檸薄荷芒果流心
Minty Lime and Mango Cheese Cake

材料

海綿蛋糕 1 片

流沙芒果

- 芒果泥 30 克
- 水 5 克
- 糖 5 克
- 芒果 1/4 個
- 薄荷葉 1 克（切碎）

萊姆乳酪餡

- 奶油乳酪 180 克
- 淡奶油 180 克
- 糖 90 克
- 吉利丁片 8 克
- 檸檬汁 60 克
- 檸檬皮 1 個

萊姆鏡面

- 檸檬汁 10 克
- 鏡面果凍 160 克
- 吉利丁片 5 克
- 檸檬 1/4 個

萊姆乳酪餡
萊姆鏡面
海綿蛋糕
流沙芒果

作法

流沙芒果

煮溶水和糖，再加入芒果泥、芒果粒和已切碎的薄荷葉，拌勻，然後放入細模內，冷凍備用。

萊姆乳酪餡

1. 先把淡奶油用打蛋器打發至軟雪糕狀，備用。
2. 奶油乳酪和糖用打蛋器打至綿密，加入檸檬和檸檬汁後拌勻。
3. 把已浸軟及融化的吉利丁片，加入奶油乳酪餡內快速拌勻，分 2 次加入已打發的淡奶油拌勻備用。

萊姆鏡面

將檸檬汁加入鏡面果凍拌勻，再放入萊姆皮碎和已浸軟及融化的吉利丁片。

組合及裝飾

先把萊姆乳酪餡擠入模中約一半高度，將凝固的流沙芒果放在萊姆乳酪餡中央，再擠入餘下的萊姆乳酪餡，最後放上海綿蛋糕。待餡料冰至凝固脫模後，淋上萊姆鏡面冷凍即成。

TIPS

1. 可於 2 ～ 3 小時前預備流沙芒果餡料，待餡料凝固後更容易放在蛋糕的中心。
2. 拌入吉利丁片的時候，可先將小量乳酪餡料和吉利丁攪勻，才倒入其餘的乳酪餡。此舉可避免吉利丁水和乳酪餡料溫差相差太大而形成硬塊或難於拌勻。

薄荷巧克力
Mint Chocolate Mousse Cake

2吋圓形模具 5 個
150 分鐘

材料

Oreo 餅皮

Oreo 巧克力味餅乾（壓碎）60 克
無鹽奶油 30 克

薄荷巧克力慕斯

淡奶油 30 克
黑巧克力（可可脂 58%）90 克
吉利丁片 4 克
淡奶油 180 克
薄荷酒 10 毫升

薄荷軟心奶凍

糖 15 克
吉利丁片 8 克
淡奶油 75 克
牛奶 50 克
薄荷酒 15 克

巧克力鏡面

淡奶油 60 克
水 70 克
糖 80 克
可可粉 30 克
吉利丁片 5 克

作法

Oreo 餅皮

把 Oreo 巧克力餅乾碎和已溶奶油拌勻，然後壓在餅圈內鋪平備用。

薄荷巧克力慕斯

1 把 180 克淡奶油用打蛋器打發至軟雪糕狀。
2 把 30 克淡奶油煮熱後，倒入黑巧克力攪至融化，然後加入薄荷酒及放入已浸軟的吉利丁片拌勻。
3 加入已打發的淡奶油，拌勻後備用。

薄荷軟心奶凍

1 將牛奶和糖煮熱後加入已浸軟的吉利丁片拌勻，放涼。
2 加入淡奶油和薄荷酒拌勻，倒入模內，放入冰庫至凝固備用。

巧克力鏡面

1 將水、淡奶油和糖煮滾，之後加入可可粉攪勻。
2 最後加入已浸軟的吉利丁片，期間需不停攪拌約 30 秒，或煮至沸騰約 102℃，離火，濾去粗粒，放涼備用。

組合及裝飾

1 把一半薄荷巧克力慕斯餡倒入已鋪有 Oreo 餅皮的模內。
2 放入薄荷軟心奶凍，再倒入剩餘的薄荷巧克力慕斯抹平冷凍凝固。
3 脫模後，淋上巧克力鏡面，放上薄荷葉和薄荷馬卡龍作裝飾。

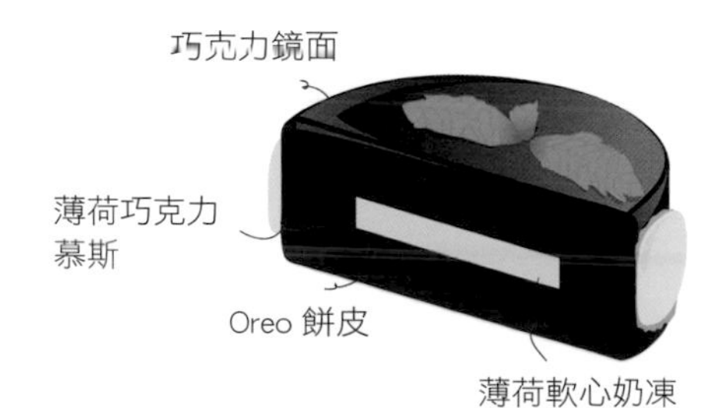

TIPS

可於 2～3 小時前預備薄荷軟心奶凍，待餡料凝固後更容易放在蛋糕的中心。

陳皮巧克力慕斯
Tangerine Peel Chocolate Mousse

6 吋圓形模具 1 個
120 分鐘

● 材料

巧克力海綿蛋糕 1 片

陳皮巧克力慕斯

淡奶油 150 克
陳皮 6 片
黑巧克力（可可脂 60%）100 克
淡奶油 200 克
吉利丁片 5 克

巧克力鏡面

淡奶油 90 克
水 105 毫升
糖 120 克
可可粉 45 克
吉利丁片 8 克

● 作法

陳皮巧克力慕斯

1 把 200 毫升淡奶油用打蛋器打發至軟雪糕狀備用。
2 浸軟陳皮，刮去瓤，加入淡奶油煮滾，熄火加蓋焗 30 分鐘，待陳皮出味。
3 濾去陳皮，倒出 50 毫升陳皮奶油，加入黑巧克力隔水加熱攪至融化，並放入已浸軟及融化的吉利丁片拌勻。
4 把 2 片已撈出的陳皮切碎加入上述混合物內，再分 2 次拌入已打發的淡奶油，拌勻備用。

巧克力鏡面

1 先將水、淡奶油和糖煮滾，之後加入可可粉攪勻。
2 加入已浸軟的吉利丁片，期間需不停攪拌約 30 秒，或煮至沸騰約 102℃，離火，濾去粗粒，放涼備用。

● 組合及裝飾

1 把陳皮巧克力慕斯倒入蛋糕圈內，放上巧克力海綿蛋糕，淋上糖水，放入冰庫至凝固。
2 脫模後在蛋糕上淋巧克力鏡面，鏡面放上網形巧克力，馬卡龍和陳皮作裝飾。

TIPS

加入陳皮碎可以加強陳皮味道，令整個蛋糕的口感更完整。

低脂豆腐乳酪蛋糕
Lite Tofu Cheese Cake

8 吋星形模具 1 個
120 分鐘

材料

馬利餅皮

馬利餅 60 克
無鹽奶油 30 克
即溶燕麥片 5 克

豆腐乳酪餡

嫩豆腐 300 克
牛奶 50 克
淡奶油 150 克
低脂奶油乳酪 75 克
糖 80 克
吉利丁片 20 克

作法

馬利餅皮

把馬利餅壓碎，然後加入已融化奶油和燕麥片拌勻。

豆腐乳酪餡

1 先把淡奶油和 40 克糖用打蛋器打發至軟雪糕狀。
2 將豆腐和牛奶用攪拌器攪勻，再濾去粗粒備用。
3 將低脂乳酪和剩餘的 40 克糖用打蛋器慢速打至綿密，然後將作法 2 的混合物倒入乳酪餡料內拌勻。
4 把已浸軟及融化的吉利丁片加入奶油乳酪餡快速拌勻，再加入已打發的淡奶油。

組合及裝飾

1 把餅皮壓在餅模內。
2 然後倒入豆腐乳酪餡，放冰箱內冰至凝固。
3 脫模後噴上巧克力，放上食用銀珠和馬卡龍作裝飾。

TIPS

豆腐可以買蒸煮用的嫩豆腐。

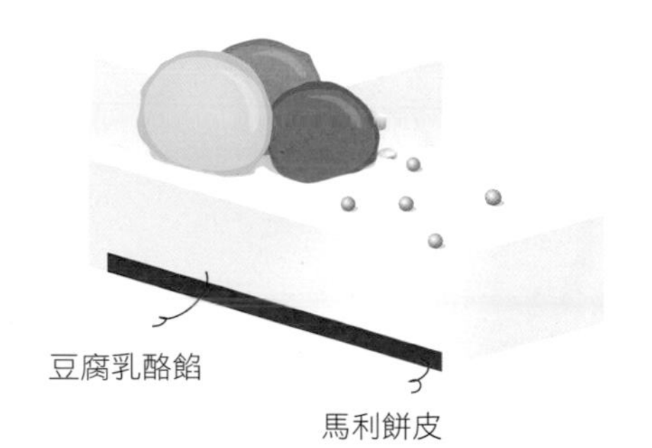

棒果金莎慕斯
Hazelnut Chocolate

● 材料

巧克力海綿蛋糕 2 片

榛果金莎巧克力餡

淡奶油 300 克
淡奶油 105 克
黑巧克力（可可脂 60%）220 克
吉利丁片 7 克
金莎榛果醬 30 克

金莎淋醬

牛奶 150 毫升
淡奶油 150 克
可可粉 15 克
栗膠 95 克
黑巧克力 300 克
榛果碎 25 克（已烘烤）
杏仁碎 25 克（已烘烤）

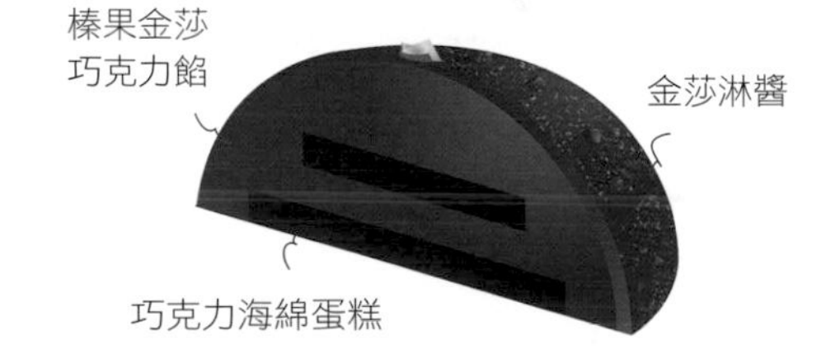

● 作法

榛果金莎巧克力餡

1 把 300 克淡奶油用打蛋器打發至軟雪糕狀。
2 把 105 克淡奶油煮熱後倒入黑巧克力攪至融化，加入金莎榛果醬後放入已浸軟的吉利丁片拌勻，分 2 次拌入已打發的淡奶油，拌勻後備用。

金莎淋醬

1 牛奶、淡奶油和可可粉煮滾。
2 離火後加入栗膠拌勻，加入已隔水加熱至融化的黑巧克力。
3 最後放入榛果碎和杏仁碎拌勻備用。

● 組合及裝飾

1 把榛果金莎巧克力餡擠入模內約 1/3 滿，放上一片巧克力海綿蛋糕。
2 再擠入餡料約 9 成滿，放上巧克力海綿蛋糕，放入冰庫至凝固。
3 脫模後淋上金莎淋醬，噴上食用金粉作裝飾。

TIPS

1 金莎榛果醬可用傳統榛果醬代替。
2 牛奶和鮮奶的分別：牛奶的脂肪含量約 30%，而鮮奶的脂肪含量介乎 3.2 ～ 6%。做蛋糕一般用脂肪含量較高的牛奶。保存期方面，牛奶的保存期限較長，而鮮奶的保存期限較短且需要冷藏。

品味生活｜系列

巴黎日常料理：
法國媽媽的美味私房菜48道

真理子 著／程馨頤 譯／定價300元

和你分享法國媽媽的家常菜、假日派對的小點，以及最天然的季節果醬祕方、釀鮮蔬撇步。油炸鷹嘴豆袋餅、櫻桃克拉芙緹、甜蜜草莓醬……，48道巴黎家常菜，輕鬆上手，簡單易做，從餐前菜到甜點，享受專屬於法式的慢食美味。

果醬女王的薄餅&鬆餅：
簡單用平底鍋變化出71款美味

于美芮 著／蕭維剛 攝影／定價389元

薄餅&鬆餅輕鬆做！簡單的作法、清楚的步驟解析，用平底鍋就能做出的美味點心，法式、美式、英式、泰式、印度……等，教你做出各國風味，無時無刻享受幸福好食光。

小家幸福滋味出爐！
用鬆餅粉做早午晚餐X下午茶X派對點心

高秀華 著／楊志雄 攝影／定價300元

早午晚餐X下午茶X派對點心，42道鬆餅料理完美呈現。你知道鬆餅粉可以做出壽司嗎？不只教你做出司康、布朗尼、夾心餅乾……等美味甜點，玉子燒、墨式塔克餅、披薩…多種意想不到的鹹食料理也通通收錄在書中！

自己做最安心！麵包機的幸福食光：
麵包糕點X果醬優格 健康美味零失敗

呂漢智 著／楊志雄 攝影／定價290元

廚房新手必備利器 不藏私大公開！Step by Step，告訴你CP值最高的麵包機實用教學。備好料，按下按鍵，麵包、糕點、優格、果醬，最天然健康的美味一機搞定！

廣告回函
台北郵局登記證
台北廣字第2780號

地址：　　　　縣/市　　　　　鄉/鎮/市/區　　　　　路/街

段　　　巷　　　弄　　　號　　　樓

三友圖書有限公司 收

SANYAU PUBLISHING CO., LTD.

106　台北市安和路2段213號4樓

SANYAU
三友圖書 / 讀者俱樂部

填妥本問卷，並寄回，即可成為三友圖書會員。
我們將優先提供相關優惠活動訊息給您。

粉絲招募
歡迎加入

- 看書 所有出版品應有盡有
- 分享 與作者最直接的交談
- 資訊 好書特惠馬上就知道

旗林文化×橘子文化×四塊玉文創
https://www.facebook.com/comehomelife

【黏貼處】對折後寄回，謝謝。

親愛的讀者：

謝謝您購買《超人氣馬卡龍Ｘ慕斯：70 款頂級幸福風味》，希望您在看完整本書，並開始嘗試學做每一道甜點後，填寫這一張問卷調查表，並將此問卷調查表寄回，您寶貴的意見，將是我們未來改進的動力：

1 您從何處購得本書？
□博客來網路書店 □金石堂網路書店 □誠品網路書店 □其他網路書店
□實體書店______

2 您從何處得知本書？
□廣播媒體 □臉書 □朋友推薦 □博客來網路書店 □金石堂網路書店
□誠品網路書店 □其他網路書店______□實體書店______

3 您購買本書的因素有哪些？(可複選)
□作者 □內容 □圖片 □版面編排 □其他______

4 您覺得本書的封面設計如何？
□非常滿意 □滿意 □普通 □很差 □其他______

5 非常感謝您購買此書，您還對哪些主題有興趣？(可複選)
□中西食譜 □點心烘焙 □飲品類 □瘦身美容 □手作DIY
□養生保健 □兩性關係 □心靈療癒 □小說 □其他______

6 您最常選擇購書的通路是以下哪一個？
□誠品實體書店 □金石堂實體書店 □博客來網路書店 □誠品網路書店
□金石堂網路書店 □PC HOME網路書店 □Costco
□其他網路書店______ □其他實體書店______

7 若本書出版形式為電子書，您的購買意願？
□會購買 □不一定會購買 □視價格考慮是否購買 □不會購買
□其他______

8 您是否有閱讀電子書的習慣？
□有，已習慣看電子書 □偶爾會看 □沒有，不習慣看電子書
□其他______

9 您認為本書尚需改進之處？以及對我們的意見？
____

10 日後若有優惠訊息，您希望我們以何種方式通知您？
□電話 □E-mail □簡訊 □書面宣傳寄送至貴府 □其他______

謝謝您提供寶貴的意見，
您填妥寄回後，將我們將不定期提供
最新的會訊與優惠活動資訊給您：

姓名______________ 出生年月日______________
電話______________ E-mail______________
通訊地址______________________________

【黏貼處】對折後寄回，謝謝。